퍼스널 컬러로
나를 브랜딩하라

퍼스널 컬러로 나를 브랜딩하라

초판 1쇄 인쇄	2023년 04월 21일
초판 1쇄 발행	2023년 04월 27일

지은이	윤미선 · 조주연 · 장은경 · 정은영
펴낸이	박남균

펴낸곳	북앤미디어 디엔터
등록	2019.7.8. 제2019-000090호
주소	서울시 영등포구 국회대로 675, 9층
전화	02)2038-2447
팩스	070)7500-7927
홈페이지	the-enter.com

책임	서재용
편집	디엔터콘텐츠랩
북디자인	디엔터콘텐츠랩
해외출판	이재덕

ISBN 979-11-977707-4-6(13590)
정가 27,000원

북앤미디어 **디엔터**
Book&Media

북앤미디어 디엔터는 대한민국의 도서 출판, 미디어,
콘텐츠 사업의 발전과 함께하며 보다 따뜻한 글, 따
뜻한 책을 만들기 위해 끊임없이 연구하고 노력합니다.

퍼스널 컬러로
나를 브랜딩하라

윤미선·조주연·장은경·정은영 지음

북앤미디어 몬스터
Book&Media

SPRING TYPE

AUTUMN TYPE

WINTER TYPE

퍼스널 컬러로
나를 브랜딩하라

색을 보고 감정을 느끼는 일은 사람만이 할 수 있는 고유의 영역이다. 자신에게 어울리는 색을 뷰티와 패션에 적용하면 얼굴 혈색을 좋게 하고 단점을 보완해 개성을 표현할 수 있다. 또한 상황에 어울리는 자신만의 색을 연출하여 다양한 패션을 만들어낼 수 있다.

이처럼 색은 긍정적인 변화를 줄 수 있기에 자신만의 색을 찾을 수 있도록 하는 퍼스널 컬러에 관한 관심은 점차 높아지고 있다. 나아가 최근 퍼스널 컬러는 기업에서 브랜드 경쟁력을 위한 중요한 수단으로 자리를 잡고 있으며, 나아가 자신을 브랜딩하여 사회에서 경쟁력을 가지게 한다. 그래서 퍼스널 컬러에 관련된 다양한 직업이 생기고 있고, 다양한 자격증도 신설되고 있다.

현대에는 남녀노소 상관없이 외모를 가꾸는 것은 더는 사치라 여길 수 없는, 자신만의 충분한 경쟁력이 될 수 있기에 이 책을 통해서 자신만의 색을 찾아 긍정적인 모습으로 자신을 변화할 수 있기를 바라고, 자신을 브랜딩하여 경쟁력도 갖출 수 있기를 바란다.

이 책은 퍼스널 컬러에 관련된 색채학 이론을 전반적으로 다루었으며, 많은 색 체계 중 퍼스널 컬러에 많이 쓰이는 'PCCS 색 체계'를 가지고 퍼스널 컬러 진단법과 활용법을 설명하였다. 누구나 쉽게 이해할 수 있도록 미용 관련 전공자뿐만 아니라 일반인에게도 좋은 퍼스널 컬러 교과서가 될 수 있도록 집필하였다. 실제 2만 명 이상의 컨설팅을 직접 진행한 퍼스널 컬러 컨설턴트와 함께 집필하여 현장에서 고객들이 궁금해하는 질문들을 정리하여 물음표를 해결할 수 있도록 제시하였다.

이 책을 읽고 있는 모든 분에게 쉽고 자신에게 맞는 컬러를 찾아 외면과 내면 모두 아름다워지길 바라며, 물심양면으로 도움을 주신 북앤미디어 디엔터 대표님께 진심 어린 감사의 말씀을 전한다.

저자 올림

목차

퍼스널 컬러 활용하기

퍼스널 컬러 읽을거리

퍼스널 컬러 실습하기

책 속의 책 1 : 퍼스널 컬러 실습 색지

책 속의 책 2 : 퍼스널 컬러 셀프 진단 키트

01

PART

퍼스널 컬러 이해하기

Chapter 01

나의 색을 찾는 퍼스널 컬러

Section 01 색으로 알아보는 심리 테스트

다음 여섯 가지 색상 중에서 자신이 가장 선호하는 색상을 찾아보세요.

① 빨강   ② 주황   ③ 노랑   ④ 초록   ⑤ 파랑   ⑥ 보라

#외향적 #개방적 #활동적 #사교적 #사랑 #정면 승부 #직접적(충동적)

빨간색을 좋아하는 사람은 대체로 내성적인 사람보다는 외향적이고 활동적인 사람들이 많습니다. 빨강색은 불과 같은 색인 만큼 강렬하고 뜨거운 느낌을 주어 열정과 정열을 상징하는 색이기도 합니다. 또한 비교적 자신감과 활력이 넘칩니다.
그러나 자존감이 강하며 단조로운 일에 금방 싫증을 느끼곤 합니다. 빨간색 하면 떠오르 혈액, 즉 피와 흡사한 색인 것처럼 화가 많고, 감정 기복이 심할 수 있습니다. 쉽게 흥분할 수 있으니 주의해야 합니다.

#발랄한 #사교적 #솔선수범 #밝은 #유쾌한 #인정 많음 #명예

주황색은 붉은색 계열이지만 노란색이 섞여 있어서 빨강과 노랑의 성격을 동시에 가집니다. 주황색을 선호하는 사람은 대부분 심성이 착하고 뛰어난 사교성과 활기찬 성격 덕에 주변 사람들에게 인기가 많습니다. 매사에 솔선수범하여 주변 사람들이 자신을 잘 따를 것입니다.
그러나 지나치게 활동적인 모습은 주위 사람들을 지치게 만들 수도 있으니 균형 있게 일의 순위를 정하는 것이 좋겠습니다. 주황색을 선호하는 사람은 모든 일에 앞장서서 행동하려고 하지만, 자존심, 질투, 남들에게 보여주기 위한 행동으로도 보일 수 있으니 겸손해야 함을 꼭 인지해야 합니다.

#이성적 #논리적 #지적 #분석적 #자유로운 사고 #쾌활함 #발랄함 #교만함 #질투심

노란색은 황금과 비슷한 색으로, 중국에서는 황제를 상징하고 로마에서는 고귀한 색으로 여겨집니다. 또한 노란색은 색상 중에서 가장 밝게 빛나는 색으로 지성과 관련있고, 이해와 지능을 의미합니다. 노란색을 추구하는 사람은 숫자를 잘 다루며 말솜씨가 뛰어난 경우가 많습니다.
그러나 노란색은 어린아이의 이미지를 주기도 하는데, 이는 표현이 자유롭고 책임을 회피하려는 성향이 있어 노란색을 선호하는 사람은 질투심이 많기도 합니다. 타인에게 관심을 받기 위한 행동을 하는 것은 아닌지 주의해야 합니다.

#도덕적 #균형 #성실 #안심 #사회적 관습 #단정함 #편안함 #겸손 #평화 #미숙함

초록색은 자연의 색인 만큼 평화, 풍요로움, 신선함, 안전, 청춘을 상징하는 색입니다. 초록색을 좋아하는 사람은 사회성이 강하고 성실하며 평화주의자여서 타인과 다투는 것을 꺼립니다. 그리고 모든 일에 신중하며 안전을 추구하기 때문에 함부로 나서는 것을 좋아하지 않습니다.
솔직하고, 성실하고, 평화롭게 조정하는 등의 역할은 잘하지만, 편함이나 안정을 추구하는 만큼 변화를 쉽게 받아들이지 못하거나 속을 알 수 없는 사람으로 주변 사람들에게 보일 수 있으니 주의해야 합니다.

#법 중시 #심사숙고 #통찰력 #자기통제 #차분함 #총명함 #차가움 #냉정함

세계적으로 선호도가 가장 높은 파란색은 중세 그리스도교에서 천상의 색으로 여겨졌습니다. 빨간색이 흥분, 열정과 같은 강한 에너지의 느낌이라면 파란색은 그 반대입니다. 고독의 세계에서 느끼는 내면의 조용함을 나타내며, 정적이고 평화로움을 나타내는 동시에 차가움과 냉정함을 느끼게도 합니다. 파란색을 좋아하는 사람은 보수적인 성향이 많기에 자신의 계획을 존중하고 충동적이지 않습니다. 이성적이며 두뇌 회전이 좋지만, 파란색을 지나치게 추구하는 사람은 다소 감정이 무디고, 차갑고, 냉정한 사람이 될 수도 있으니 주의해야 합니다.

#감수성 #예술성 #직관력 #종교적 #우아함 #고귀함 #허영심 #권위적

보라색은 빨간색과 파란색을 섞은 색으로, 열정과 냉정을 함께 지니고 있습니다. 신비로움을 나타내는 이 보라색을 좋아하는 사람은 대부분 예술성이 뛰어나고 감수성이 매우 풍부합니다. 정신적 혹은 영적 세계에도 관심이 많아 디자인, 예술, 종교 분야에 보다 흥미를 느낍니다.
보통 사람들보다 생각이 많고 조금 예민할 수 있지만, 촉이 좋아 보다 더 직관력이 있습니다. 또한 보라색을 좋아하는 사람들은 상상력이 풍부한 경우가 많은데, 너무 자신만의 생각에 빠져 현실과 많은 거리감을 둘 수도 있으니 주의해야 합니다.

여기까지는 자신이 선호하는 색을 살펴보았다.
지금부터는 자신이 선호하는 색이 아닌
자신에게 가장 잘 어울리는 색을 찾아보도록 하자!

Section 02 자신에게 가장 어울리는 컬러

퍼스널 컬러(Personal Color)란 '자신이 가지고 있는 피부, 모발(머리카락), 눈동자 등의 신체 색과 조화를 이루어 피부색에 생기가 돌게 하고 활기차 보이도록 하는 개인 고유의 컬러'를 말한다. 퍼스널 컬러를 통해 자신에게 맞는 색을 찾아서 메이크업, 헤어, 패션 코디네이트, 네일 아트, 컬러 마케팅, 이미지 브랜딩 등에 활용할 수 있다.

01 퍼스널 컬러의 정의

퍼스널 컬러는 개인의 타고난 신체 색이다. 그래서 신체 색과 조화롭지 못한 색을 적용하는 경우 피부 결이 거칠게 보이고, 투명함이 사라져 피부의 결점만 더 드러나게 된다. 그렇기 때문에 자신의 신체 색과 어울리는 색을 알고 활용하는 것은 매우 중요하다.

미국, 유럽, 일본, 한국 등에서는 퍼스널 컬러를 찾기 위해 사계절의 이미지에 신체 색을 비유하여 분류하는 방법을 활용하고 있다. 즉, 봄, 여름, 가을, 겨울의 이미지에서 보이는 색채를 이용하여 개인의 개성 있는 이미지를 연출할 수 있게 한다. 현대사회에서는 외모와 이미지, 개성이 더욱 중요해지면서 퍼스널 컬러의 진단과 활용이 활발히 이루어지고 있다.

02 퍼스널 컬러의 기본요소

퍼스널 컬러 진단의 기본요소는 개인의 타고난 피부색, 모발색, 눈동자색으로 구성된다. 모든 색채가 그렇듯 우리 신체도 색상, 온도감, 명도, 채도와 같은 색의 특성을 가진다.

피부색

피부는 크게 표피, 진피, 피하조직의 세 층으로 나뉜다. 피부의 가장 바깥층인 표피는 두께가 약 0.1~0.3mm이고 대부분 각화 세포로 이루어져 있다. 진피는 표피층 아래 중간층에 위치한다. 피하조직은 피부의 가장 아래층에 자리하고 있다.

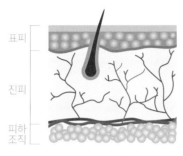

피부의 구조

피부색은 인간의 혈액 속에 있는 헤모글로빈(Hemoglobin, 색소 단백질)의 빨간색, 피하조직 카로틴(Carotene)의 노란색, 멜라닌(Melanin)의 검은색(혹은 흑갈색)이 만나서 만들어진다. 그중에서도 표피에 분포하는 멜라닌 색소는 사람의 피부색을 결정하는 가장 중요한 요소이다. 멜라닌 색소가 적은 사람은 혈색소가 투명하여 피부가 분홍색으로 보이고, 멜라닌 색소가 많은 사람은 피부가 검은색(흑갈색)으로 보인다. 인종마다 피부색이 다른 것은 멜라닌 세포의 수가 다르기 때문이다. 또한 멜라닌 색소가 피부 표면에 가까울 경우 갈색조가 강하게 나타나 검은색(흑갈색)이 된다. 반면에 멜라닌 색소가 피부 깊숙한 곳에 위치하면 청색조가 눈에 띄기도 한다(햇볕에 피부가 갈색으로 변하는 것은 멜라닌 세포가 자외선에 의해 자극을 받아 신체를 보호하기 위해 멜라닌을 만들고, 만들어진 멜라닌을 피부 위로 올려보내 자외선이 피부 깊숙이 침투하는 것을 방지하기 때문이다).

개인마다 지닌 특유의 피부톤은 이 세 가지 색소에 의해 따뜻한 빛의 피부색과 차가운 빛의 피부색으로 구분할 수 있다. 따뜻한 빛의 피부색은 카로틴 색소와 멜라닌 색소가 많아 노란 계열을 띤다. 이 유형은 아이보리나 내추럴 베이지 계열의 피부색을 가지며 혈색이 없고 멜라닌 색소가 많아 쉽게 기미와 잡티가 생긴다.

차가운 빛의 피부색은 헤모글로빈 색소와 멜라닌 색소가 많아 대체로 파란 계열을 띤다. 이 유형은 우윳빛이나 핑크 베이지 계열의 피부색이나 붉은빛의 브라운 계열의 피부색이 많고 피부가 쉽게 붉어진다. 여기서 따뜻한 빛의 피부색과 차가운 빛의 피부색의 분류는 보이는 피부색의 빛에 따라 나눈 것으로 피부색과 잘 어우러지는 퍼스널 컬러에서의 웜톤과 쿨톤의 분류와는 다른 기준이다.

또한 피부색은 인종, 성별, 지역, 유전적인 요인 등에 따라 크게 차이를 보인다. 같은 사람에게서도 나이에 따라 혹은 부위나 계절에 따라 상당한 차이를 보인다. 피부에 비친 광선 중 반사된 광선의 파장은 피부 속 색소에 의해 결정되며, 이 광선의 합에 의해 피부색이 결정되기 때문이다.

모발색

모발(사람의 몸에 나는 털을 총칭해 가리키는 말)은 피부에 가장 가까운 부분으로 색의 영향을 가장 크게 받는다. 모발색은 여러 가지 색이 인종에 따라 다르게 나타나며, 이는 멜라닌 색소의 분포와 양에 따라 결정된다. 멜라닌 색소는 모발에 색을 입히고, 자외선으로부터 보호하는 역할을 한다. 멜라닌 색소의 양과 입자 모양에 따라 흑색, 갈색, 금색 등의 모발색으로 결정된다. 멜라닌의 양이 많은 순서는 검은색(Black), 갈색(Brown), 붉은색(Red), 금색(Blond), 하얀색(Gray hair)이다. 노란색이나 붉은 적갈색을 띠는 모발은 따뜻한 빛을 띠며, 와인색과 푸른 빛의 검은색, 회색을 띠는 모발은 차가운 빛을 띤다. 특히 동양인의 모발색은 갈색과 검은색의 범주 사이에 있으며, 모발색은 피부색과 이목구비를 또렷하게 보이는 데 큰 영향을 미친다.

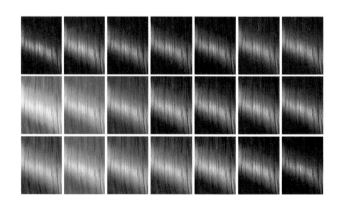

눈동자색

퍼스널 컬러 진단에서 분석하는 눈동자색은 홍채(동공 주위에 있는 도넛 모양의 막)의 색을 말한다. 홍채는 눈의 구조 중에서 멜라닌 색소를 판별하는 부위로, 약 11mm 정도의 크기이다. 홍채의 색조 차이는 색소의 종류가 다른 것이 아니라 색소의 양의 차이로 나타난다. 한국인의 눈동자 색은 타 인종보다 진한 흑갈색을 띠는데, 이는 홍채에 멜라닌 색소가 앞면에 위치하기 때문이다.

반면, 색소 대부분이 홍채의 심층에 존재하게 되면 엷은 갈색, 초록색, 회색, 파란색을 띠게 된다. 밝은 색조의 눈동자는 광학적 착시현상의 일종으로 일조량이 적어지고 적도가 멀어질수록 밝아지게 된다. 한국인의 경우는 흑갈색에서 담청갈색 사이의 여러 색상을 지닌다. 홍채는 색소의 양과 홍채 내에서의 색소의 위치, 광학적 영향 등에 의해 다양한 색으로 보이게 된다.

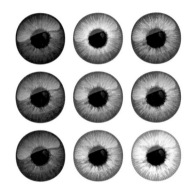

03 퍼스널 컬러의 효과

사람의 첫인상을 결정짓는 가장 큰 요인이 시각적인 부분이라고 한다. 예를 들어, 어떤 색의 옷을 입었을 때 얼굴이 칙칙해 보이거나 혈색이 없어 보일 수 있고, 어떤 색은 얼굴이 밝아 보일 수 있다. 이처럼 퍼스널 컬러는 개인의 피부색, 모발색, 눈동자색과 가장 잘 어울리는 색을 의미한다.

개인마다 가지고 있는 피부, 모발, 눈동자의 고유의 색이 다르기에 개인에게 어울리는 색과 어울리지 않는 색을 구분하여 찾아낼 수 있다. 자신의 퍼스널 컬러를 알고 활용한다면, 조화롭고 세련된 나만의 스타일을 만들어 연출할 수 있다. 또한 유행을 좇지 않고 나만의 컬러를 활용해 개성을 연출하고 자신에게 맞는 컬러를 사용함으로써 자신감과 긍정적인 이미지 메이킹이 가능하다. 자신의 컬러를 잘 이해하면 쇼핑 시간과 실패하는 낭비를 줄여 경제적인 효과도 얻을 수 있다. 나아가 퍼스널 컬러로 자신을 브랜딩해야 자신만의 경쟁력이 생긴다.

Chapter 02

퍼스널 컬러의 배경

외모가 사람의 첫인상을 결정짓는 중요한 요소이기에, 사람들은 타인에게 좋은 이미지를 주기 위해 메이크업과 다양한 옷차림 등 외적 표현 수단에 신경을 쓴다. 개인이 가지고 있는 고유의 색은 서로 다르다. 그래서 자신에게 어울리는 색과 어울리지 않는 색을 구분할 수 있다면 외적 이미지의 완성도를 충분히 높일 수 있고, 사회에서의 경쟁력도 가질 수 있게 한다. 이러한 퍼스널 컬러가 생기기까지의 배경에 대해 간략하게 살펴보자.

01 요한 볼프강 괴테(Johann Wolfgang von Goethe)

퍼스널 컬러는 괴테의 《색채론(Zur Farbenlehre)》(1810)으로부터 시작되었다. 괴테는 색이 만들어지는 원리로 양극성의 원리, 총체성의 원리, 상승의 원리가 있다고 했다. 이 중 양극성(색채는 밝고 어둠의 양극적 대립 현상)의 원리는 퍼스널 컬러의 기본이 되며 자연에서 가장 쉽게 관찰할 수 있다.

괴테의 색채론 색의 양극성

양(+)	옐로우(Yellow)	따뜻함, 작용, 빛, 밝음, 강함, 가까움, 밀침, 산과 같은 것
음(-)	블루(Blue)	차가움, 탈취, 암흑, 어두움, 약함, 멂, 끌어당김, 알칼리와 같은 것

괴테의 색채론은, 양극인 밝은 빛과 어두운 암흑이 경계에서 만났을 때 둘 중 활동이 우세한 쪽에 따라

색채는 두 방향으로 나타나는데, 그 대립을 양(+)과 음(-)으로 나누어 설명한다. 그래서 밝은 빛으로부터 옐로우(노란색)가 생겨나고 어두운 암흑으로부터 블루(파란색)가 생겨나는데, 이 이론을 기초로 옐로우와 블루로 나누는 색 체계의 바탕이 만들어 졌다.

괴테는 자연에서의 빛과 암흑의 대립으로 색이 만들어지고 빛으로부터 나타난 옐로우와 암흑으로부터 나타난 블루가 기본색으로 하며, 이는 인간에게도 이와 같은 현상이 존재한다고 하였다. 괴테가 1810년에 만든 색상환은 다음과 같다.

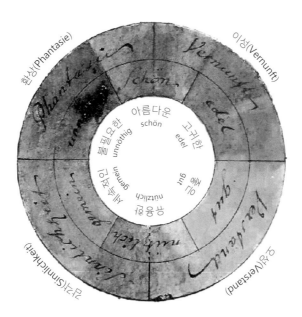

괴테의 수채화 펜으로 그린 색상환(1809년)

02 루드(O. N. Rood)

미국의 과학자이자 생리학자인 루드는 그의 저서인 《모던 크로마틱스(Modern Chromatics)》에서 "색상의 자연 연쇄"를 자연의 빛과 음영의 관계에서 생기는 색상의 관계, 즉 자연의 질서와 조화를 강조하며 자연계의 법칙과 합치되는 관계에 있는 색은 모두 조화롭다는 이론을 펼쳤다.

루드는 노란색에 가까운 것은 밝고, 먼 것은 어둡다는 것으로 설명한다. 예를 들어, 햇볕을 받은 부분은 밝고 노란 계열의 녹색인 나무나 풀의 잎으로 보이며, 그늘진 곳이나 어두운 곳에서는 파란 계열인 청록색의 나무나 풀의 잎으로 보이는 것이다. 이처럼 모던 크로마틱스는 배색에서 색을 사용할 때 밝은색은 노란 계열, 어두운색은 블루 계열인 자연에서 관찰할 수 있는 색채로 배색을 하면 조화롭다고 설명한다.

파버 비렌(Faber Birren)

미국 색채 조화론의 선구자인 파버 비렌은, 색채는 기계와 달리 심리적, 정신적 반응에 지배된다는 이론을 바탕으로 '색 삼각형(Color Triangle)'을 기반으로 색채 조화론을 발표했다. 색 삼각형은 순색, 흰색, 검은색의 기본 3색과 이를 결합한 4개의 색조군으로 구성된다. 색조군으로 흰색과 검은색이 합쳐진 회색조, 순색과 흰색이 합쳐진 밝은 명색조, 순색과 검은색이 합쳐진 어두운 암색조, 순색과 검은색 그리고 흰색이 합쳐진 톤(Tone)이 있다. 이렇게 파버 비렌은 총 7개의 범주에 의한 색채 조화론을 제시했다. 주황색을 제외한 모든 색은 난색계와 한색계로 분류될 수 있다고 하였다.

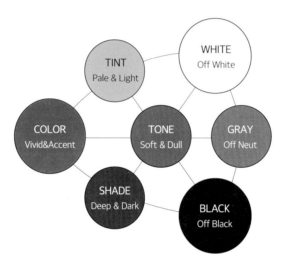

파버 비렌의 7개 범주 조화 이론

04 요하네스 이텐(Johannes Itten)

요하네스 이텐은 괴테의 이론을 정립하여 컬러 분석법을 연구하고 사계절 색과 타고난 신체 색을 서로 연결지었다. 이텐은 독일 바이마르의 예술 종합학교 바우하우스(Bauhaus)에서 교수로 재직할 때, 학생들이 주로 입고 있는 작업복과 그들이 사용하는 색채에 공통점이 있다는 것에 근거하여, 개인이 가지고 있는 신체 색인 피부색, 모발색, 눈동자색이 색채의 공통점과 일치한다는 것을 발견한다. 그래서 이텐은 학생들의 신체 컬러가 사계절의 컬러와 유사한 점이 많다는 것에 주목하여 사람의 얼굴을 계절별 컬러에 따라 분석하는 사계절 색채 분석법을 만들게 된다.

요하네스 이텐의 사계절 컬러법

05 로버트 도어(Robert Dorr)

인간의 색을 처음 발견하여, '배색의 조화와 부조화의 원리'를 연구하고 모든 색상을 따뜻한 색(Orange, Gold)과 차가운 색(Magenta, Blue green)으로 분류했다. 즉, 피부색을 따뜻한 색인 옐로우 베이스, 차가운 색인 블루 베이스로 구분한 것이다. 이후 '컬러 키 프로그램(Color Key Program)'에서 옐로우 베이스 430색, 블루 베이스 430색으로 분류하였다.

06 캐롤 잭슨(Carole Jackson)

캐롤 잭슨은《컬러 미 뷰티풀(Color Me Beautiful)》이라는 저서에서 타고난 신체 색을 사계절 유형으로 분류하여 '계절 이론(Seaosonal Color Theory)'으로 색채 팔레트를 만들었다. 캐롤은 학교에 다닐 때 교복을 입으면 자신이 아파 보인다는 사실에 주목하고, 자신과 어울리는 색을 입었을때 피부색이 생기 있고 건강해 보인다는 것을 알게 된다. 그리고 그 효과는 외면을 넘어 내면에도 긍정적으로 작용한다는 것을 알게 되었다.

그래서 캐롤은 피부색을 따뜻한 톤(Golden Undertone)을 사계절 중 봄과 가을로, 차가운 톤(Blue Undertone)을 여름과 겨울로 분류하였고, 사계절 중 봄은 옐로우(Yellow), 가을은 골드(Golden), 여름은 화이트와 블루(White-Blue), 겨울은 블루와 블랙(Blue-Black)을 베이스 색으로 나누어 구분하였다.

캐롤 잭슨의《컬러 미 뷰티풀》

Chapter 03

퍼스널 컬러의 유형

Section 01 **웜톤**(Warm Tone)**과 쿨톤**(Cool Tone)

색상은 따뜻함을 연상하게 하는 난색과 차가움을 연상하게 하는 한색으로 나눌 수 있다. 난색은 편안, 포근, 유쾌, 만족감을 느끼게 해주는 빨강, 주황, 노랑 근처에 존재하는 색이며, 한색은 차분, 긴장 완화, 사색적 경험을 가능하게 하는 초록, 파랑, 보라 근처에 존재하는 색들이다. 그러나 퍼스널 컬러에서 다루는 웜톤과 쿨톤을 분류하는 기준은 난색과 한색을 분류하는 기준과는 차이점이 있을 수 있다.

•Warm Tone•
옐로우(노란색) 베이스의 따뜻한 색

•Cool Tone•
블루(파란색) 베이스의 차가운 색

01 웜톤과 쿨톤의 정의

웜톤과 쿨톤을 나누는 것은 색에서 느껴지는 '온도감'으로 퍼스널 컬러를 구분하는 방법이다. 온도감은 우리가 기존에 알던 온도감과는 약간의 차이점이 있다. 예를 들어, 같은 계열의 노란색 안에서 병아리의 노랑색과 레몬의 노랑색에서 느끼는 온도 차이와 감각은 다르다. 레몬의 노란색은 병아리의 노란색보다 색상환에서 연두 방향 쪽으로 기울어 있는 초록 기운의 노란색이기에 비교적 더 차갑게 느껴진다.

또한 토마토의 빨간색은 수박의 빨간색보다 색상환에서 주황 방향 쪽으로 기울어 있는 노랑 기운의 빨간색이기에 비교적 더 따뜻하게 느껴진다. 이처럼 모든 색상은 '온도감'을 가지고 '따뜻한 색'과 '차가운 색'으로 나눌 수 있다.

> **잠깐만요**
> 난색은 빨강, 주황, 노랑 계열의 색들을 말하며 한색은 초록, 파랑, 보라 계열의 색들을 말하지만, 퍼스널 컬러에서는 주황을 제외한 모든 색상을 웜톤과 쿨톤의 색으로 다시 나눌 수 있기에 웜톤과 쿨톤의 구분 기준이 난색과 한색의 구분 기준과 동일하지 않다. 예를 들면, 난색이라 하는 노랑 계열 또한 퍼스널 컬러에서는 웜톤의 노랑과 쿨톤의 노랑으로 나눌 수 있다. 주황은 웜과 쿨로 구분이 불가한 웜톤만의 색상이다.

Section 02 사계절 컬러 유형(Four Seasons Color Type)

퍼스널 컬러는 봄, 여름, 가을, 겨울의 사계절을 나타내는 자연의 색과 이미지에 빗대어 어우러지는데 이를 '사계절 분류법'이라 한다. 사계절 중 봄과 가을 색(봄 유형의 색, 가을 유형의 색)은 베이스가 따뜻한 것이 특징이다. 여름과 겨울 색(여름 유형의 색, 겨울 유형의 색)은 베이스가 차가운 것이 특징이다. 구체적으로 따뜻한 베이스 그룹 중에 봄 색은 가볍고 맑고 봄의 꽃들처럼 화사한 톤이고, 가을 색은 차분하거나 깊이 있는 짙은 톤이다. 차가운 베이스 그룹 중에 여름 색은 우아하고 부드러운 톤이고, 겨울 색은 눈처럼 깨끗하거나 화려한 톤이다.

> **잠깐만요**
> 사계절을 기반으로 분류된 유형 중 개개인의 피부색, 모발색, 눈동자색 등의 신체 고유의 색을 진단하여 퍼스널 컬러를 결정한다.

- 봄 유형의 색상은 노란 빛을 띠는 색이 많아 대부분 따스한 분위기가 느껴진다. 봄 유형의 색상 팔레트는 신선한 야채와 과일의 그린과 오렌지, 팬지꽃의 퍼플 등이 있으며 새싹과 같은 젊음과 활동감이 느껴진다.
- 봄 유형의 색상은 대부분 봄을 생각할 때 떠오르는 이미지의 컬러이다. 싱그러운 꽃들과 과일, 따뜻한 햇살 등 밝으면서 화사한 에너지가 느껴진다. 밝고 부드러운 파스텔 색상부터 생기가 넘치는 비비드한 색상까지 분포되어 있어서 귀엽고 발랄한 젊은 이미지를 준다.
- 봄 유형은 얼굴에 혈색을 넣어주는 색을 입었을 때 젊고 생기 있어 보인다. 밝기는 어둡지 않은 색을 중심으로 활용하는 것이 좋다. 또한 비비드(Vivid), 브라이트(Bright), 라이트(Light), 페일(Pale) 같은 맑은 톤의 색조가 봄 유형에 잘 어울린다.

잠깐만요 봄 유형의 색상은 밝으면서 선명한 원색에 생동감 넘치고, 귀엽고, 발랄한 젊은 이미지를 지니고 있다.

02 여름 유형(Summer Type)

- 여름 유형은 부드러운 페일, 라이트, 소프트(Soft), 라이트 그레이시(Light Grayish), 그레이시(Grayish), 덜 (Dull) 톤에 해당한다. 여름 유형의 색상 팔레트는 구름 낀 하늘의 그레이시한 색상과 이슬에 젖은 듯한 그린, 라벤더의 열은 청보라, 물망초의 부드러운 블루, 난초의 화사한 분홍 등이 있으며, 여름 아침의 시원하면서도 온화함이 느껴진다.

- 여름 유형의 색상은 여름을 상상하면 떠오르는 바다, 백사장, 장마철의 구름, 안개 등의 색으로 밝은 뽀얀 색부터 불투명한 잿빛의 그레이시한 톤까지 여성스럽고 우아한 이미지를 지닌다.

- 여름 유형의 얼굴에 혈색을 많이 주는 따뜻한 색을 사용하면 오히려 칙칙하고 번들거려 보일 수 있다. 반대로 차갑고 부드러운 색으로 피부를 투명하게 하고 얼굴의 톤을 깨끗하게 만들어주면 부드럽고 편안한 느낌을 줄 수 있다. 밝기는 어둡지 않게 중명도, 고명도의 색을 중심으로 사용한다. 특히 중채도, 저채도의 부드러운 색을 사용하면 우아하고 세련된 느낌을 줄 수 있다.

잠깐만요	여름 유형의 색상은 부드러우면서도 가장 청순한 이미지를 지니고 있다.

- 가을 색상은 보통 노란색이 가미된 색으로 브라운 계열이나 라이트 그레이시, 그레이시, 소프트, 덜, 다크(Dark), 스트롱(Stong), 딥(Deep) 톤이 대부분이다. 가을 유형의 팔레트는 차분한 느낌의 곡물 색, 내추럴한 대지의 색, 현란하고 입체감 있는 낙엽의 빨강과 노랑, 이끼의 그린이나 포도의 퍼플 등으로 풍성한 수확의 계절인 가을의 성숙하면서 고급스러움이 느껴진다.

- 가을 유형의 색상은 가을을 상상하면 떠올릴 수 있는 붉고 노르스름한 단풍들과 풀, 황금색 벌판, 무르익은 오곡백과, 억새 등의 컬러로 부드러운 탁색부터 깊이감이 있는 다크 계열의 색상까지 분포되어 있어 자연스럽고 귀족적인 분위기를 지닌다.

- 가을 유형은 봄처럼 혈색을 주는 색을 주로 활용하지만, 봄보다 더 깊이 있게 사용해 주면 좋다. 또한 중간에 어두운색들을 함께 활용했을 때 보다 더 깊이 있는 고급스러움이 느껴질 수 있다. 특히 가을이라는 계절에서 볼 수 있는 자연색처럼 따뜻하고 안정감이 느껴지는 색을 많이 활용하면 좋다.

잠깐만요 가을 유형의 컬러는 자연스럽고 차분하면서도 깊이감이 느껴지는 고급스러운 이미지를 지니고 있다.

- 겨울 유형은 페일, 비비드, 다크, 다크 그레이시 톤이 대부분이다. 겨울 유형의 팔레트는 블루와 블랙 계열이 섞여 차가운 색을 베이스로 도회적이고 샤프한 색들이다. 모노톤, 강렬한 원색, 와인 레드의 빨강, 에메랄드 그린이나 원색의 블루, 흰눈 같은 하얀 컬러 등으로 화려하고 지적이면서 쿨한 무드 의 색상들을 가진다.
- 겨울 유형의 색상은 겨울을 떠올릴 수 있는 어두운 밤에 하얗게 눈이 내린 풍경, 깜깜한 하늘의 빛나는 별, 크리스마스 트리의 화려한 장식품 등으로 화이티쉬 계열부터 화려한 비비드와 어두운 다크 계열의 컬러들까지 대비가 확실한 컬러들로 분포되어 있어 깔끔하고 이지한 도시적인 이미지를 지닌다.
- 겨울 유형은 여름 유형과 다르게 윤곽을 또렷하게 해 주는 색, 피부를 투명하고 깨끗하게 만드는 색 을 활용하면 좋다. 명도는 사계절 중 가장 다양하게 사용하며 채도는 아예 옅어 흰 눈처럼 순수하고 깨끗한 느낌을 주거나 아주 화려하고 선명한 색을 사용한다. 특히 어둡고 검정에 가까운 색을 사용 하면 도시적인 느낌을 줄 수 있다.

잠깐만요

겨울 유형의 컬러는 심플하고 점잖은 이미지로 세련되고 도시적인 이미지를 지니고 있다.

퍼스널 컬러로 나를 브랜딩

02

PART

퍼스널 컬러 공부하기

Chapter 01

색의 이해

Section 01 색(색채)은 우리 눈에 어떻게 보여질까

물체는 그 자체가 색을 발하는 것이 아니라 빛을 받아서 흡수, 반사, 굴절, 투과 등을 거쳐 독특한 색을 나타
낸다. 물리적으로는 스펙트럼(spectrum)에 의한 광(Light)으로 인식되지만, 화학적으로는 뇌에 이르는 색의 지
각이 안료나 염료에 의해 얻어지고, 생리학적으로는 시각을 통해 대뇌에 이르는 색의 지각이다.

> **잠깐만요**
>
> 스펙트럼(Spectrum)은 라틴어에서 유래된 말로, 본다는 뜻의 동사 'Specere'로부터 파생된 명사
> 'Spectrum'에서 유래된 말이다. 빛은 파장에 따라 다르게 굴절되어 나타나며, 백색광으로 보이는 빛도 여
> 러 파장의 빛들이 중첩되어 보여지는 것이다. 이렇게 한 단위의 빛이 파장에 따라 가지는 여러 분포를 스펙
> 트럼이라고 한다.

 색이란 실제로 반사되고 흡수된 빛에 의해 보여지는 것이다. 색으로 보여지는 모든 사물에는 그 사물
이 가진 고유의 색이 있다. 이 색을 인식하기 위해서는 빛이 있어야만 가능하다. 우리는 깜깜한 밤중이
나 어두운 실내 공간에서는 사물을 볼 수가 없다. 빛이 없는 곳에서는 색을 지각할 수 없다. 따라서 빛이
존재해야 하고, 우리의 눈에 그 빛이 들어오면서 색을 지각할 수 있게 된다. 사물에 빛이 반사되어 나타
난 스펙트럼상의 물체 색상이 우리 눈의 망막에 있는 시세포의 추상체라는 세포를 자극하여 색을 인식

하게 되는 것이다.

우리가 인식하는 광선은 자외선, 가시광선, 적외선으로, 직접적으로 느끼며 빛이라고 말하는 것은 대략 380nm~780nm 범위의 파장을 가진 가시광선이다. 가시광선은 빨강, 주황, 노랑, 초록, 파랑, 남색, 보라의 7가지 스펙트럼으로 구성되어 있다.

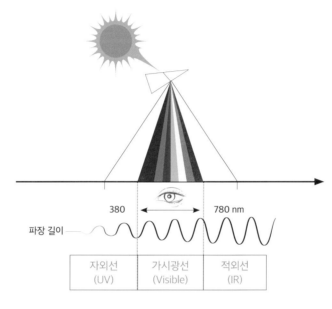

전자파와 스펙트럼

Section 02 ## 색채의 지각

색이 보인다는 것은 빛, 물체, 눈에 의해 인지되는 시지각 현상이다.

01 색채 지각 3요소

우리가 색을 지각하는 것은 광원으로부터 빛이 물체의 표면에 닿아 물체의 표면으로부터 반사된 빛이 눈에 들어오는 과정을 거친다. 반사된 빛은 눈의 망막을 자극하고 그 자극으로 생긴 시신경의 활동이 대뇌에 전달되어 색의 감각이 생겨 물체색으로 지각된다. 이 과정에서 색을 지각하는 데 필요한 빛(광원), 물체, 시각(눈)을 색채 지각의 3요소라고 한다.

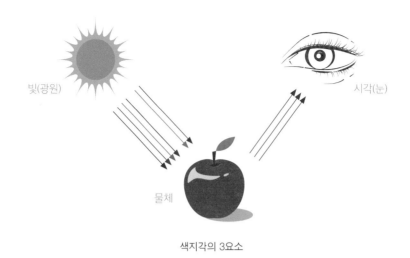

색지각의 3요소

인간이 볼 수 있는 광선의 파장은 약 380~780nm이며, 빛은 파장에 따라 서로 다른 색감을 일으키며, 파장이 가장 큰 것은 빨간색이고 가장 작은 파장은 보라색으로 지각된다. 여러 가지 파장의 빛이 고르게 섞여 있으면 백색으로 지각된다.

색이 보이는 양상은 매우 복잡하다. 태양 아래에서는 흰색 천과 옅은 노란 천은 분명하게 구별되지만, 전등불 아래에서는 똑같은 흰색으로 보여 구별하기 어려울 수가 있다. 예를 들면, 사진 암실의 빨간 안전광 아래에서는 흰색, 노란색, 빨간색이 잘 구별되지 않고, 빨간 잉크는 무색의 물처럼 보인다. 이러한 현상을 색순응이라고 한다. 한 장소의 주된 조명을 이루고 있는 광원에 눈이 익어서 그것과 똑같은 스펙트럼 특성을 지니는 것을 무채색으로 느끼게 되기 때문에 일어난다.

잠깐만요

색순응(色順應)
조명광이나 물체색을 오랫동안 계속 보고 있으면, 그 색에 순응되어 색의 지각이 약해진다. 조명에 의해 물체색이 바뀌어도 자신이 알고 있는 고유의 색으로 보이게 되는 현상을 색순응이라고 한다. 예를 들면, 파란색 선글라스를 끼고 보면 물체가 잠시 푸르게 보이던 것이 곧 익숙해져 본래의 물체색으로 느끼게 되거나 태양과 형광등 빛에서 다르게 보이는 물체색이 시간이 지나면 같은 색으로 느껴지는 것이다.

02 광원

광원에 따라 색이 다르게 보이기 때문에 정확한 색의 측정을 위하여 표준광을 정해서 사용한다. 국제적으로 국제조명위원회(CIE, International Commission on Illumination, 빛, 조명, 빛깔, 색 공간을 관장하는 국제위원회)에 의한 표준광을 사용한다.

물체는 조명에 의해 지각되기도 하며 조명 빛의 종류는 다양하다. 조명의 광원색에 따라 물체의 색이 다르게 보이기도 한다. 이렇게 물체의 색이 조명, 즉 물체를 비추는 빛에 따라 달라 보이는 현상을 연색성(Color Rendering, 演色性. 물체를 비추었을 때 나타나는 빛의 성질)이라고 한다.

서로 다른 두 가지의 색이라도 조명에 의해 같은 색으로 느껴지는 현상을 조건 등색(Metamerism)이라고 한다. 형광등 아래서는 같은 두 가지의 색이 백열등 아래로 가면 색이 다르게 보인다거나 백열등 아래의 색과 햇빛 아래의 색이 서로 다른 색으로 보이는 것은 그 물체의 분광 분포가 다르기 때문이다.

03 눈의 구조와 기능

눈은 빛의 자극이 시신경을 통해 뇌에 전달된 색을 구분하는 신체 기관이다. 빛이 색으로 인식되려면 빛을 감지하는 수용기와 감지된 빛을 색으로 인식하는 시각 신경세포가 있어야 한다. 빛은 투명한 각막에 가장 먼저 전달이 된다. 그 후 동공의 수정체, 유리체, 망막 순으로 전달되어 망막에 상이 맺히게 된다.

눈은 각막, 수정체 등의 굴절체를 통과한 빛이 망막에 상을 이루는 과정을 파악하는 시각 기관으로 인공적으로 만들어진 사진기 등의 광학기계와 같은 물리적인 작용을 한다. 홍채는 카메라의 조리개와 같은 기능을 하며, 수정체는 카메라 렌즈의 역할을 하여 초점을 맞추어 모양을 바꾸어 망막에 선명한 상이 맺히도록 기능한다. 추상체와 간상체는 카메라의 필름에 해당하는 감지세포이다. 망막의 중심부를 중심와 또는 황반이라고 하며, 눈에서 시신경 섬유가 나가는 부분을 맹점이라고 한다.

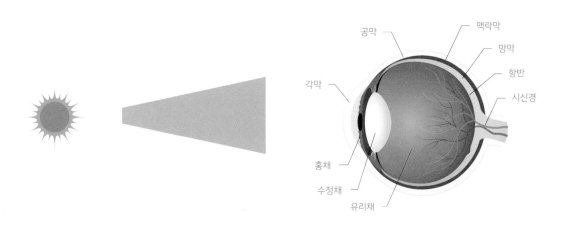

안구의 구조

눈의 구조	기능
눈꺼풀	렌즈 표면을 보호하는 렌즈 뚜껑과 같은 역할을 한다.
각막	카메라의 렌즈의 역할을 하며 빛을 굴절시키고 초점을 만든다.
수정체	각막에서 빛의 굴절과 초점을 맞게 하면 핀트의 조절 작용은 최종적으로 수정체에서 이루어진다.
홍채	빛의 강약에 따라 긴장이나 이완에 따라 동공의 크기를 조절하는 카메라의 조리개와 같은 역할을 한다.
망막	상이 맺히는 부분으로 필름과 같은 역할을 한다.

잠깐만요

중심와(황반)

- 색과 사물을 구분하여 시력을 나타낸다.
- 눈의 각막과 수정체의 중심에 수직으로 들어온 빛이 맺히는 부분이다.
- 망막 내에서 빛에너지를 흡수하여 전기적 에너지를 발생시킨다.

맹점

- 시각 신경을 이루는 신경 섬유들이 망막에서 한 곳으로 모이는 곳이다.
- 망막에 시세포가 없어 물체의 상이 맺히지 않는 부분으로 시각 세포가 없어 빛에 대한 반응이 없다.

Section 03 색(색체) 표준(한국산업표준[KS A 0011])

표준색의 개념이 등장한 것은 산업화 시대이다. 제품을 동일한 색으로 대량 생산하기 위해 기준이 필요했고, 1931년 국제조명위원회(CIE)는 분광광도계를 이용해 색채 표준을 처음 규격화했다. 측정하고자 하는 색상을 표준 조명 아래에 두고 빛이 반사되는 양을 측정하는 방식으로, 색을 수학적으로 정의한 최초의 표준이 되었다. 국가기술표준원이 명시한 우리나라의 색채표준정보는 한국산업규격인 'KS A 0011' 표를 따른다. 유채색의 기본색 이름에는 빨강(적), 주황, 노랑(황), 연두, 초록(녹), 청록, 파랑(청), 남색, 보라, 자주(자), 분홍, 갈색이 있고, 무채색의 기본색 이름에는 하양(백), 회색(회), 검정(흑)이 있다.

01 기본색명

기본적인 색의 구별을 나타내기 위한 전문용어로 한국산업규격(KS A0011)에서는 유채색 12색과 무채색 3색, 총 15색을 기본색명으로 표기하고 있다(먼셀의 색 체계 중 10색을 기준으로).

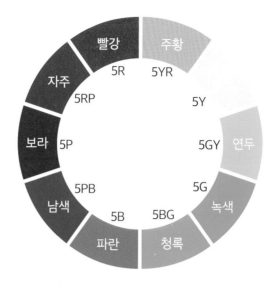

먼셀의 색 체계 중 10색을 기준으로 한 색상의 상호 관계

기본색명	색	대응 영어	약호
빨강(적)		Red	R
주황		Yellow Red	YR
노랑(황)		Yellow	Y
연두		Green Yellow	GY
초록(녹)		Green	G
청록		Blue Green	BG
파랑(청)		Blue	B
남색(남)		Purple Blue	PB
보라		Purple	P
자주(자)		Red Purple	RP
분홍		Pink	Pk
갈색(갈)		Brown	Br
하양(백)		White	Wh
회색(회)		(neutral) Grey(영), (neutral) Gray(미)	Gy
검정(흑)		Black	Bk

기본색이름의 형용사

예) 빨간, 노란, 파란, 흰, 검은 등

기본색이름의 한자 단음절

예) 적, 황, 녹, 청, 남, 자, 갈, 백, 회, 흑 등

수식형이 없는 2음절 색이름에 '빛'을 붙인 수식형

예) 초록빛, 보랏빛, 분홍빛, 자줏빛 등

기본색명 수식형

수식형	기준색명	대응 영어	약호
빨간(적)	자주(자), 주황, 갈색(갈), 회색(회), 검정(흑)	Reddish	r
노란(황)	분홍, 주황, 연두, 갈색(갈), 하양, 회색(회)	Yellowish	y
초록빛(녹)	연두, 갈색(갈), 하양, 회색(회), 검정(흑)	Greenish	g
파란(청)	하양, 회색(회), 검정(흑)	Bluish	b
보랏빛	하양, 회색, 검정	Purplish	p
자줏빛(자)	분홍	Red-purplish	rp
분홍빛	하양, 회색	Pinkish	pk
갈	회색(회), 검정(흑)	Brownish	br
흰	노랑, 연두, 초록, 청록, 파랑, 보라, 분홍	Whitish	wh
회	빨강(적), 노랑(황), 연두, 초록(녹), 청록, 파랑(청), 남색, 보라, 자주(자), 분홍, 갈색(갈)	Grayish	gy
검은(흑)	빨강(적), 초록(녹), 청록, 파랑(청), 남색, 보라, 자주(자), 갈색(갈)	Blackish	bk

※ 위 규칙에 따라 조합하여 조합색 이름을 만들어 사용하면 된다.

02 기본색명과 조합색명을 수식하는 방법

기본 색명이나 조합 색명 앞에 수식 형용사를 붙여 색채를 세분하여 표현할 수 있다. 색상의 성질과 계통은 학술적인 면에서 체계화하여 명명하는 것으로 기본 색명에 형용사를 붙여 사용한다. 즉, 색을 쉽게 이해하고, 빠르게 전달하기 위해 색의 3속성인 색상, 명도, 채도의 수식어를 붙여 색명을 말한다.

유채색의 수식 형용사

수식어	대응 영어	약호
선명한	vivid	vv
흐린	soft	sf
탁한	dull	dl
밝은	light	lt
어두운	dark	dk
진(한)	deep	dp
연(한)	pale	pl

잠깐만요

- 필요시 2개의 수식 형용사를 결합하거나 부사 '아주'를 수식 형용사 앞에 붙여 사용할 수 있다.
  보기) 연하고 흐린, 밝고 연한, 아주 연한, 아주 밝은
- (   ) 속의 '한'은 생략될 수 있다.
  보기) 진빨강, 진노랑, 진초록, 진파랑, 진분홍, 연분홍, 연보라

무채색의 수식 형용사

수식어	대응 영어	약호
밝은	light	lt
어두운	dark	dk

잠깐만요

- 필요시 부사 "아주"를 수식 형용사 앞에 붙여 사용할 수 있다.

무채색의 명도, 유채색의 명도와 채도의 상호 관계

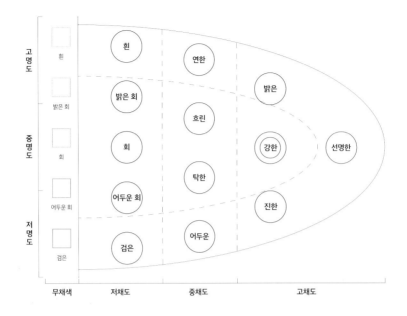

- ○는 기본색 이름이나 조합색 이름을 표시한다.

  보기) 선명한 빨강, 어두운 회녹색, 밝은 남색
- ◎는 수식어를 쓰지 않고 기본색 이름과 조합색 이름만으로 나타낸다.

03 관용색명, 고유색명(Customary Color Names)

관용색명은 고유색명이라고 하기도 한다. 오래전부터 전해 내려와 일상적으로 자주 사용되는 색명을 말하며 동·식물 또는 물질의 이름에서 유래된 것과 장소, 시대, 자연 현상 등의 이름에서 따온 것들이 있다. 관용 색명은 각 색을 이해하는데 편리하지만 정확한 색의 전달이 어렵다.

기본색과 관계된 색명

- 기본색명: 유채색인 빨강, 주황, 노랑, 연두, 녹색, 청록, 파랑, 남색, 보라, 자주, 분홍, 갈색의 12색
- 무채색명: 하양, 회색, 검정의 3색

식물의 이름이나 열매의 이름을 빌린 색명

- 벚꽃색, 카네이션핑크, 로즈핑크, 풀색, 라벤더색, 장미색, 팬지색, 라일락색, 자두색, 복숭아색, 토마토색, 석류색, 사과색, 당근색, 대추색, 밤색, 호박색, 해바라기색, 바나나색, 귤색, 팥색, 오렌지색, 레몬색, 딸기색, 살구색, 겨자색, 참다래색, 올리브색, 청포도색 등

동물의 이름이나 가죽의 이름을 빌린 색명

- 쥐색, 살색, 비둘기색, 카나리아색, 낙타색, 연어색, 피콕그린, 병아리색 등

광물이나 원료의 이름을 빌린 색명

- 광물: 고동색, 에메랄드그린, 금색, 은색, 녹두색, 호박색, 오크색, 루비색, 벽돌색, 황토색, 점토색, 모래색, 목탄색 등
- 원료: 징크 화이트, 코발트 블루, 크롬 옐로우 등

지명이나 인명의 이름을 빌린 색명

- 지역 특유의 경관, 지역색, 풍토색이 발전된 경우, 지역 특유의 산물이 발전된 경우에 해당
- 반다이크 브라운(Vandyke Brown), 보르도(Bordeaux), 프러시안 블루(Prussian Blue), 마젠타(Magenta), 하바나 브라운(Havana Brown) 등

자연 현상의 이름을 빌린 색명

- 자연의 기후 현상이나 환경 요소를 일반적으로 지칭하는 경우
- 하늘색, 바다색, 무지개색, 물색, 눈(雪)색 등

잠깐만요

- 계통색 이름에 따르기 어려울 경우에는 관용색 이름을 사용해도 된다.
- 관용색 이름에서 필요할 경우는 수식어를 사용하여도 무방하다.
- 관용색 이름은 말미에 "색"을 붙여서 사용한다. 또한 관용색 이름에서 다른 명칭과 혼동될 우려가 없을 경우에는 색이름 말미의 "색"을 생략하여도 된다.

Chapter 02

색의 요소

Section 01 색의 세 가지 속성

색은 색상, 명도, 채도의 세 가지 속성이 있으며, 이 세 가지 속성이 모여 색이 완성된다. 색은 세 가지 속성을 다 가지고 있는 유채색과 명도만 지니는 무채색으로 나눌 수 있다.

01 색상(Hue)

색상은 많은 색을 구분하기 위해 붙인 색의 이름을 뜻한다. 색은 물체에 반사되는 빛의 파장 종류에 따라 유채색과 무채색으로 구분된다. 무채색은 하양, 회색, 검정으로 무채색을 제외한 모든 색은 유채색이다.

빨강, 주황, 노랑, 연두, 초록, 청록, 파랑, 남색, 보라, 자주, 분홍, 갈색의 총 12가지의 이름을 가진 색을 우리나라 공식 기본색으로 지정했다. 색상 중에서 가장 채도가 높고 그 색상 중에서 가장 순도(純度. Purity)가 높은 색을 순색(純色)이라고 한다.

잠깐만요	• 순도: 어떤 물질 가운데 주성분인 순물질이 차지하는 비율로 잡물이 섞이지 않은 순수한 물질을 나타낸다.
	• 순색: 색상 중에서 채도가 가장 높고 선명하고 깨끗한 색을 말함.
	• 맑은 색: 순색 + 흰색 = 명청색(흰색의 양이 많을수록 명도가 높아진다)
	순색 + 검은색 = 암청색(검은색의 양이 많을수록 명도가 낮아진다)
	• 흐린 색: 순색 + 밝은 회색 = 명탁색(채도가 낮아진다) / 순색 + 어두운 회색 = 암탁색(채도가 높아진다)

색 온도

색 온도는 색이 가지고 있는 성질 혹은 느낌을 말한다. 빨강과 주황, 노랑은 난색으로 따뜻하게 느껴지는 색이며, 청록, 파랑, 남색은 한색으로 차갑게 느껴지는 색으로 분류된다. 또한 그 사이에 있는 연두, 초록, 보라, 자주색은 특별히 차갑거나 따뜻한 온도가 느껴지지 않는 중성색으로 분류된다.

난색(따뜻한 색)　　　　　중성색　　　　　한색(차가운 색)

> **잠깐만요**
>
> 무채색의 온도감은 차갑지도 따뜻하지도 않은 중성색으로 검은 의복은 빛의 흡수율이 높고 반사율이 낮아 따뜻하며 흰색의 옷은 이와 반대이다.

진출색과 후퇴색

색에 의해서 같은 거리에 있는 색끼리도 가까워 보이거나 멀어 보이도록 만들 수 있다. 일반적으로 따뜻한 색인 빨강, 주황, 노랑은 진출색으로, 차가운 색인 파랑, 청록, 남색은 후퇴색으로 분류된다. 색상 외에도 밝기가 밝을수록, 채도가 높을수록 그렇지 않은 색보다 진출색이 된다. 진출색은 색에 의해 앞으로 나아가는 느낌을 주므로 시선을 끌 수 있어 이러한 색의 영향을 활용해 생활 속에서 많이 적용하고 있다. 패션 및 메이크업에 적용할 때도 시선을 끌고 싶은 부분과 그렇지 않은 부분에 이러한 진출색과 후퇴색의 영향을 활용해 적용할 수 있다.

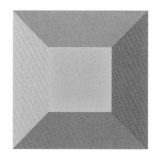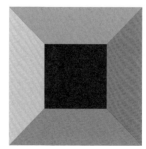

02 명도(Value)

명도란 색의 밝고 어두운 정도이다. 색은 빛이 반사되는 양에 따라 밝고 어둡게 보여지게 되는데 이를 나타내는 척도를 명도라고 한다. 밝을수록 명도가 높은 고명도라고 하며, 어두우면 저명도, 그 중간은 중명도라고 한다. 인간의 눈에서 명도에 대한 감각은 색의 3속성 중에서도 가장 예민하게 작용하며 그다음으로 색상, 채도의 순이다. 명도는 11단계로 구분하는데, 명도가 가장 높은 것은 명도가 9.5인 백색이며, 명도가 가장 낮은 것은 명도가 1인 흑색이다.

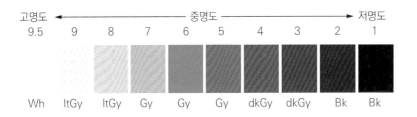

색의 무게감

색에 의해 동일한 형태, 동일한 크기라도 가벼워 보이거나 무거워 보일 수 있다. 외관상 무게감을 판단할 때 명도는 영향을 줄 수 있으며, 명도가 높을수록 가벼워 보이고, 명도가 낮을수록 무겁게 보인다.

팽창과 수축 (색의 크기감)

색에 의해 동일한 형태, 동일한 크기라도 크기가 다르게 보이는 경우가 많다. 실제보다 작게 보이는 색을 수축색, 실제보다 크게 보이는 색을 팽창색이라고 한다. 명도가 높을수록 명도가 낮은 색보다 크게 보이며, 주위의 색이 밝을수록 대상의 크기가 작게 보인다. 밝은 옷을 입으면 몸이 부해 보인다고 느끼는 것은 이러한 이유에서다.

채도(Chroma)

채도란 색의 짙고 옅음을 나타내는 색의 순수한 정도를 말한다. 색상환에 선명한 순색에서 무채색을 섞는 양이 많을수록 채도는 낮아지고 무채색을 섞는 양이 적어질수록 채도가 높아진다. 채도가 높은 것은 고채도, 낮은 것은 저채도, 그 중간은 중채도라고 한다. 색을 생활 속에 적용할 때 채도가 높을 수록 화려하면서도 역동적인 분위기를 만들 수 있고, 채도가 낮을 수록 차분하면서도 안정적인 분위기를 만들 수 있다.

저채도 ◀──────── 중채도 ────────▶ 고채도

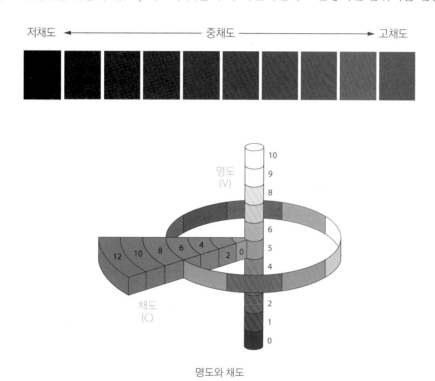

명도와 채도

잠깐만요

색의 표시 방법

• 유채색의 기재 방식: HV/C   보기) 2.5R 4/10 (2.5R, 4의10으로 읽는다)

• 무채색의 기재 방식: NV   보기) N8

• 약간의 색을 띠는 무채색: NV/(HC)   보기) N5.5/(Y0.3)

HV/C

5R   **5/10**

색상(H)   명도(V) 채도(C)

색상(H)은 명도 및 채도가 일정한 색상환을 감각의 차가 거의 등간격이 되도록 나누어 기호와 그 앞에 붙인 숫자로 나타낸다.

명도(V)는 무채색을 기준으로 이상적인 검정을 0, 이상적인 흰색을 10으로 하여 그 사이를 명도 감각의 차가 거의 같은 간격이 되도록 나누고 숫자로 나타낸다.

채도(C)는 색상 및 명도가 일정한 색 배열을 채도 감각의 차가 거의 등간격이 되도록 분할하고, 무채색을 0으로 하여 채도의 증가에 따라 차례로 1, 2, 3, 4…와 같이 숫자로 나타낸다.

Chapter 03

퍼스널 컬러와 톤

Section 01 **톤**(색조, Tone)

01 청색(Clear color)과 탁색(Dull color)

  퍼스널 컬러는 색의 3속성인 색상, 명도, 채도 외에 매우 중요한 요소로 청색(맑고 깨끗한 색)과 탁색(부드럽고 탁한 색)이 있다. 앞에서 언급한 채도는 색의 진하기의 정도를 말했다면, 청색은 맑고 깨끗한 색, 탁색은 부드럽고 탁한 색을 말한다.

  유채색은 크게 순색, 청색, 탁색으로 분류한다. 순색에 흰색이나 검은색을 섞으면 깨끗한 청색이 되며, 순색에 회색을 섞으면 흐린 탁색이 된다. 청색은 순색에 흰색을 섞어 색의 명도가 높아진 밝고 맑은 명청색과 순색에 검은색을 섞어 색의 명도가 낮아진 어둡고 맑은 암청색으로 나눌 수 있다. 탁색은 순색에 밝은 회색을 섞어 명도가 높아진 명탁색과 순색에 어두운 회색을 섞어 명도가 낮아진 암탁색으로 분류된다.

밝고 맑은 색

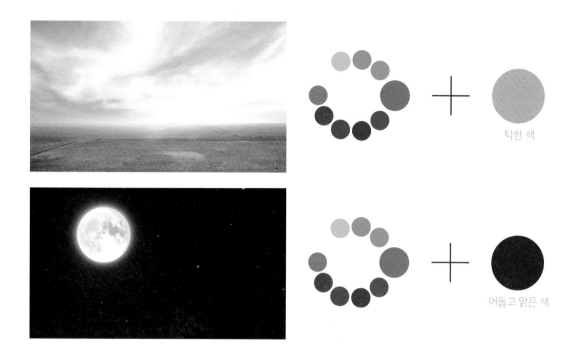

탁한 색

어둡고 맑은 색

02 색의 대비

두 개 이상의 색이 서로 영향을 받아 서로 다름이 강조되어 보이는 현상을 말한다. 예를 들어, 헤어 컬러의 경우 고객의 메이크업과 의상의 색에 따라 컬러가 다르게 보이는 것처럼 하나의 색이 주변 색의 영향을 받아 다른 색으로 변해 보이는 현상을 색의 대비 현상이라고 한다.

동시 대비

두 개 이상의 색을 동시에 볼 때 일어나는 현상을 동시 대비라고 한다. 한 곳을 집중해서 보게 되면 눈의 피로도가 높아지기 때문에 대비 효과는 떨어지게 된다. 넓은 면적의 주조 색이 작은 면적의 색에 영향을 주어 작은 면적의 색이 실제의 색과 다르게 보일 수 있다.

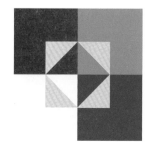  

계시 대비

어떤 색을 본 후에 다른 색을 볼 때 먼저 본 색의 영향으로 다음에 보는 색이 다르게 보이는 현상을 말한다. 예를 들어, 빨간색을 보고 노란색을 보면 빨간색의 보색인 청록색이 노란색에 겹쳐 보인다. 외부의 자극이 사라진 뒤에도 지속해서 자극을 느끼는 현상으로 잔상과는 구별이 힘들다. 빨간색 사각형을 보다가 계속해서 노란색을 보면 빨간색의 보색인 청록색이 더해져 연두색으로 보인다.

잔상

수술실 의상이 초록색인 이유는 빨간색인 피를 오래 보면 빨간색의 반대인 초록색의 잔상이 나타나기 때문이다. 중요한 수술에서 잔상으로 인해 시야를 방해할 수 있어 사전에 방지하고자 빨간색의 반대색인 초록색의 가운을 입어 잔상을 느끼지 못하도록 하기 위해서다.

명도 대비

색의 밝고 어두운 정도를 명도라고 한다. 같은 색이라도 명도가 낮은 색에서는 밝게 보이고 명도가 높은 색에서는 어둡게 보인다. 이처럼 배경 색에 따라 색의 밝기가 다르게 보이는 것을 명도 대비라고 한다.

   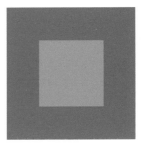

색상 대비(Color contrast)

색상이 다른 두 개의 색을 인접해 두고 동시에 볼 때, 두 색이 서로의 영향으로 색상의 차이가 크게 보이는 것을 말한다. 즉, 색상의 대비가 클수록 주목성이 크다. 1차 색끼리 대비 효과가 잘 일어나며, 2차 색과 3차 색이 될수록 대비 효과는 낮게 나타난다. 예를 들어, 주황색 배경의 노란색은 연두색 배경에 놓았을 때보다 조금 더 노란 기를 띠게 되며, 연두색 배경 위에 놓인 노란색은 좀 더 붉은 기를 띠게 된다.

채도 대비

채도가 다른 두 색을 대비시켰을 때 색이 더 선명해 보이거나 탁해 보이는 현상을 말한다. 배경색의 채도가 높을수록 저채도의 색은 더욱 탁해 보이고, 같은 색이라도 무채색과 함께 대비될 경우 채도가 더 높고 색이 선명하게 보인다. 채도 차이가 클수록 대비 효과도 커진다.

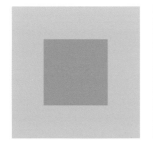

보색 대비

보색 관계에 있는 색을 나란히 인접해 두고 보았을 때 서로의 영향으로 각각의 색상이 뚜렷해지고 선명하게 보이는 현상을 말한다. 색의 대비 중 가장 강하게 나타난다. 예를 들어, 파란색 위에 있는 노란색은 노란색이 더 두드러져 보인다.

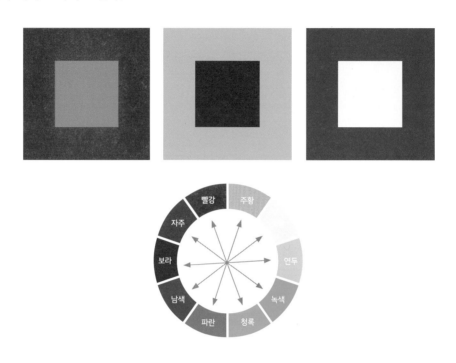

• 보색 : 색상환에서 서로 마주 보고 있는 색으로 두 색을 혼합했을 때 무채색이 되는 색

면적 대비

면적의 비율에 따라 색상이 다르게 보이는 현상을 말한다. 같은 색상의 면적이 크면 더 선명하게 보이고, 면적이 작으면 더 어둡게 보이는 현상이다.

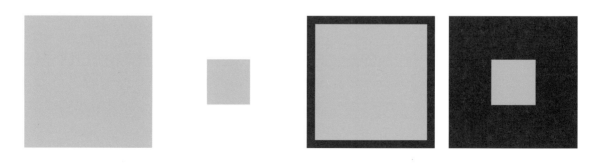

한난 대비

색의 지각 차이로 인해 차가운 색과 따뜻한 색이 함께 있을 때 두 색의 온도 차가 더 크게 느껴지는 현상을 말한다. 난색은 더욱 따뜻하게 느껴지고 한색은 더욱더 차게 느껴진다.

> **잠깐만요**
>
> • 난색 : 노랑, 주황, 빨강 / · 한색 : 청록, 남색, 파랑
> • 중성색 : 연두, 초록, 보라, 자주에 난색 또는 한색을 배색하면 한난 대비 현상으로 중성색임에도 따뜻하게 느껴지기도 하고 차갑게 느껴지기도 한다. 이와 반대로 중성색에 한색을 배색하면 한색은 더 차갑게 느껴지고 난색은 더 따뜻하게 느껴진다.

연변 대비

어떤 두 색이 서로 가까이 있을 때 그 경계 부분이 다르게 보이는 현상을 말한다. 인접한 두 색의 경계 부근에서만 대비현상이 더욱 뚜렷하게 나타난다. 인접 색이 저명도인 경계 부분은 더 밝아 보이고, 고명도인 경계 부분은 더 어둡게 보인다.

색의 종류는 무수히 많기에 비슷해 보이는 색들도 붙여서 비교해보면 다른 색임을 바로 알 수 있다. 이러한 많은 색을 일정한 원칙에 따라 분류하고 질서 있게 정리한 표를 색 체계라고 한다. 나라나 기관에 따라 특정 색에 대해 각기 부르는 이름과 색을 분류하는 기준과 원칙이 다른 이유는 세상에는 하나의 색 체계만 존재하는 것이 아니기 때문이다. 먼셀 색 체계, 오스트발트 색 체계, KS 색 체계, PCCS 색 체계 등 다양하다. 어느 색 체계가 맞고 틀린 것이 아니기에 색을 전문적으로 다루고자 하는 분이라면 색 체계의 다양성을 이해하는 것이 좋다.

먼셀 색 체계

먼셀 색 체계는 1905년 미국의 화가이며 색채 연구가인 먼셀(Albert Henry, Munsell, 1858~1918)에 의해 고안된 색 체계로, 색의 3속성인 색상, 명도, 채도로 색을 기술하는 색 체계의 대표적인 방식이다. 우리나라에서는 먼셀 색 체계를 한국산업규격(KS)에서 채택하였고 미술 교육용으로도 활용하고 있으며 국제적으로 가장 널리 쓰이는 색 체계이다.

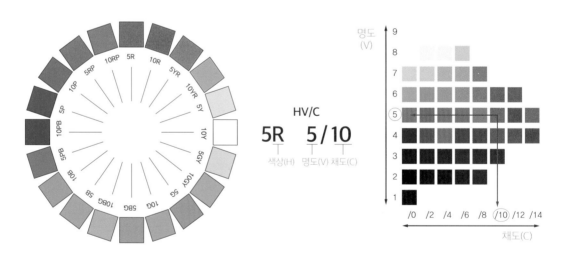

먼셀 색 체계

오스트발트 색 체계

독일의 화학자 오스트발트(Friedrich Wilhelm Ostwald, 1853~1932)가 1919년에 고안한 체계로, 1909년 노벨상을 받았다. 오스트발트 색 체계는 색의 3속성과는 달리, 흰색(W), 검은색(B), 순색(C)을 3가지 기본 색채로 한 혼합색에 기초를 두고 있다.

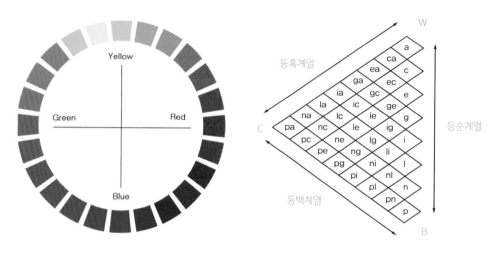

오스트발트 색 체계

NCS(Natural Color System) 색 체계

스웨덴 색채연구소(Sweden Color Center)에서 1964년부터 연구하여 1972년에 발표된 색 체계로, 현재 스웨덴, 노르웨이, 스페인에서 국제 표준 색 체계로 NCS 색 체계를 채택하여 사용하고 있다. 헤링의 4원색설을 근거로 한 이 색 체계는 인간이 구별할 수 있는 가장 기초적인 색채인 빨강(R), 노랑(Y), 초록(G), 파랑(B), 흰색(W), 검정(S) 기본 6색을 사용하고 있다.

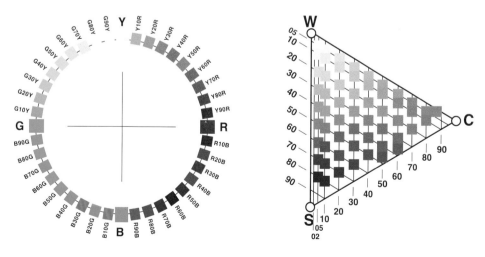

NCS 색 체계

PCCS 색 체계

일본 색채연구소가 1964년에 발표한 일본 색연 배색 체계(PCCS, Practical Color Coodinate System), 색채 조화를 주목적으로 한 컬러 시스템이다. 이 체계는 톤의 개념이 도입된 것이 특징으로 배색 조화를 얻기가 쉬워 일본에서는 디자인계와 교육계에 널리 보급되고 있다.

PCCS의 특징은 명도와 채도를 톤이라는 개념으로 정리하여 색채를 색상과 톤 두 가지로 분류하고 구분하는 것이다. 먼셀의 색 지각 3속성 개념을 벗어나 색상에서는 오스트발트 색 체계의 24색을 채택하여 사용하고, 명도는 총 17단계로 구분하였다. PCCS 색 체계는 오스트발트 색 체계의 기본 색상과 먼셀 명도의 감각 체계, 비렌의 조화 개념, 미국 ISCC-NBS의 톤 표시 약호를 적용하는 등 여러 가지 색 체계를 혼합시킨 형태이다.

① PCCS 색상환과 색상

PCCS의 색상은 심리 4원색인 R(빨강), Y(노랑), G(초록), B(파랑)의 4가지 색상과 색광의 3원색인 R(빨강), G(초록), B(파랑), 그리고 색 안료의 3원색인 C(Cyan), M(Magenta), Y(Yellow)의 개념을 모두 도입하여 기본색으로 설정하고, 이 색상들을 다시 24색으로 분류하였다. 그리고 180도에 쌍이 되는 심리 보색을 배치하고 각 색상에 번호와 약호, 명칭을 기입하였다. 색상의 표시 방법은 색상번호와 색상 기호 사이에 ':'을 사용하여 '2:R'식으로 병기한다. 색상 명에 톤의 개념을 도입하여 색상 명을 영문 머리글자로 표기하고, 색상의 수식어인 톤을 소문자로 앞에 붙여 빨강의 색상부터 1:pR, 2:R, 3:yR……23:rP, 24:RP로 표시한다.

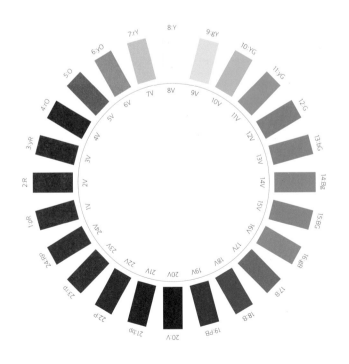

기호	색상명	먼셀 색상	기호	색상명	먼셀 색상
1:pR	purplish red (보라 기미의 빨강)	10RP	13:bG	bluish green (파랑 기미의 녹색)	9G
2:R	red (빨강)	4R	14:BG	blue green (청녹)	5BG
3:yR	yellowish red (노랑 기미의 빨강)	7R	15:BG	blue green (청녹)	10BG
4:rO	reddish orange (붉은 기미의 주황)	10R	16:gB	greenish blue (녹색 기미의 파랑)	5B
5:O	orange (주황)	4YR	17:B	blue (파랑)	10B
6:yO	yellow orange (노랑 기미의 주황)	8YR	18:B	blue (파랑)	3PB
7:rY	reddish yellow (붉은 기미의 노랑)	2Y	19:pB	purplish blue (보라 기미의 파랑)	6PB
8:Y	yellow (노랑)	5Y	20:V	violet (청자)	9PB
9:gY	greenish yellow (녹색 기미의 노랑)	8Y	21:bP	bluish purple (보라)	3P
10:YG	yellow green (노랑 연두)	3GY	22:P	purple (보라)	7P
11:yG	yellowish green (노랑 기미의 녹색)	8GY	23:rP	reddish purple (붉은 기미의 보라)	1RP
12:G	green (녹색)	3G	24:RP	red purple (붉은 보라)	6RP

② PCCS 명도

PCCS 명도는 먼셀의 명도 체계를 기본적으로 따르고 있다. 흰색을 9.5, 검은색은 1.5로 설정하고, 그 사이를 0.5단계씩 나누어 총 17단계로 하고 있다. 이는 흰색과 검은색 사이를 반으로 나누고 다시 중간을 나누어 5단계로 만든 다음, 각각의 중간을 나누어 9단계로 만든 후, 그 사이를 나누어 최종적으로 17단계로 만든 것이다.

③ PCCS 채도

PCCS 채도는 각 색상에서 가장 고채도의 기준 색에 혼합된 무채색의 변화에 따라 9단계로 나누고, 채도 기호로는 'saturation'에서의 's'를 따서 붙여 1s, 2s, 3s…… 9s로 나타낸다. 이 부분이 다른 색 체계와 PCCS 색 체계가 차별되는 부분이다.

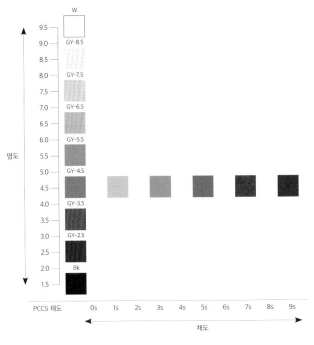

PCCS 색 체계 명도와 채도

④ PCCS 색조(톤, tone)

PCCS 색조는 오스트발트가 등색상면의 색 삼각형 개념에서 색을 체계화한 것을 발전시켜 색조 개념을 색 체계에 도입한 것이다. 색조는 색의 상태 차이를 말한다. 등색상면의 색이라도 명(明), 암(暗), 강(强), 약(弱), 얕음(淺), 깊음(沈), 짙음(農), 옅음(淡)의 정도 차이가 나는데 이를 분류한 것을 색조라고 한다.

PCCS 색조는 무채색에서 흰(Whitish), 밝은 회(Light Grayish), 회(Medium Grayish), 어두운 회(Dark Grayish), 검은(Blackish) 등의 5가지로 나누고, 유채색에서는 색상마다 선명한(비비드, Vivid), 밝은(브라이트, Bright), 강한(스트롱, Strong), 진한(딥, Deep), 연한(라이트, Light), 흐린(소프트, Soft), 탁한(덜, Dull), 어두운(다크, Dark), 옅은(페일, Pale), 밝은 회(라이트 그레이시, Light Grayish), 회(그레이시, Grayish), 어두운 회(다크 그레이시, Dark Grayish)의 12가지 톤으로 나눈다.

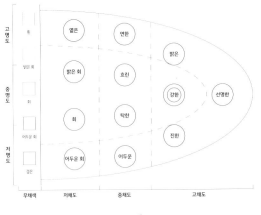

PCCS 색조

PCCS 색 기호

색의 3속성으로 색을 표시하는 방법과 색상과 색조로 색을 나타내는 방법이 있다. 우선 색상, 명도, 채도의 순으로 표기하는 경우 색상은 색상 번호와 색상 기호 사이에 ':'를 넣어 표시하고, 명도는 17단계의 명도 단계의 번호를, 그리고 채도는 9단계의 채도 단계의 번호 뒤에 's'를 붙여서 표시하는데, 각 사이에는 '-'기호를 넣어 모두 표기한다. 예를 들어 '17:B-2.5-7s'는 2.5 낮은 명도 단계와 7단계의 높은 채도 단계를 갖는 파란색이라는 것이다. 무채색은 색상과 채도가 없으므로 표기하지 않고 'neutral color'에서의 'n'을 넣어 명도단계 뒤에 표기한다. 예를 들어, 'n-4.5'는 명도 4.5단계의 무채색이다.

색상과 색조로 색상을 표시하는 경우는 색조를 나타내는 12가지 톤의 약자를 소문자로 사용하여, 각 약자의 뒤에 색상번호를 표시한다. 예를 들어, 'sf8'은 '부드러운 노랑'을 나타낸다. 무채색의 경우 W(Whitish), ltGy(Light Gray), mGy(Medium Gray), dkGy(Dark Gray), Bk(Black)의 약자를 사용하거나 Gy(Gray)를 붙여 'Gy-3.5'로 표시한다.

잠깐만요

파버 비렌(Faber Birren)

미국의 색채학자로 1940~1970년대까지 색채에 관한 다양한 분야에서 활동하였다.

색채 지각은 자극에 대한 단순 반응과 다르게 정신적 반응에 지배된다고 보고, 시각적, 심리학적 조화 이론은 색 삼각형을 그려 각 꼭짓점에 순색, 흰색, 검은색을 놓음으로써 오스트발트 색 체계 이론과 유사하다. 비렌의 조화 이론은 쉽게 설계되어 색채 계획에 많이 적용되고 있다. 순색, 하얀색, 검은색의 기본 3색을 결합한 4개의 색조군을 밝히고, 하얀색과 검은색을 합쳐 회색조(gray), 순색과 하얀색을 합쳐 밝은 색조(tint), 순색과 검은색을 합쳐 어두운 농담(shade), 순색과 하얀색, 검은색을 합쳐 톤(tone) 등 7개의 범주로 조화 이론을 제시하였다.

잠깐만요

퍼스널 컬러의 색 체계는 교육기관에 따라 서로 사용하는 색 체계가 다를 수 있다. 특정 기관에서 퍼스널 컬러 교육을 받았다면 그 교육에서 사용된 색 체계부터 제대로 이해한 후 다른 색 체계들을 이해하는 것이 좋다.

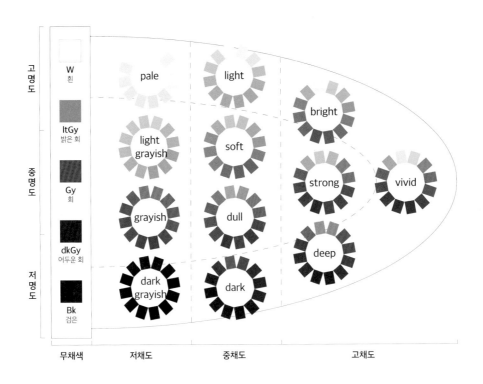

비비드 톤(Vivid Tone)

약호는 '\vv'이며, 가장 선명한 톤으로 어떤 톤보다도 시선이 집중된다. 채도가 가장 높으며 선명한, 산뜻한, 화려한, 싱싱한, 활동적인, 자극적인 느낌을 지니고 있다. 대표 톤 이미지는 '선명한'이며, 액티브와 아방가르드 이미지 배색에 어울린다.

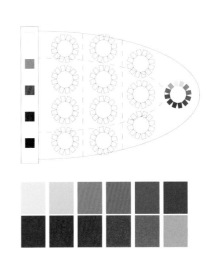

브라이트 톤(Bright Tone)

약호는 'b'이며, PCCS 색 체계의 순색에 white를 약간 섞은 밝고 깨끗한 색조를 말한다. 쾌활한, 밝은, 건강한, 화려한, 가벼운, 부드러운, 명랑한 느낌을 지니고 있다. 대표 톤 이미지는 '밝은'이며, 예쁜 로맨틱이나 캐주얼 이미지 배색에 어울린다.

  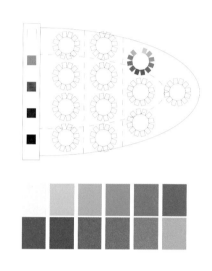

라이트 톤(Light Tone)

약호는 'lt'로, 브라이트 톤에 하양이 더 섞여 있는 맑은 톤이다. 맑은, 상쾌한, 즐거운, 사랑스러운, 어린이다운, 신선한 느낌을 가진다. 대표 톤 이미지는 '연한'이며, 프리티나 로멘틱 이미지 배색에 어울린다.

  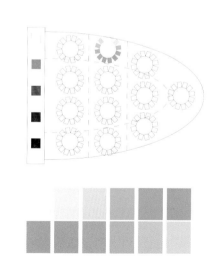

페일 톤(Pale Tone)

약호는 'pl'이며, 명도가 가장 높고 채도가 가장 낮은 톤이다. 흰색이 많이 들어간 톤으로 가볍고 깨끗하면서 차가운 이미지를 지닌다. 약한, 연한, 아주 어린, 여성적인, 창백한, 깨끗한 느낌을 지니고 있다. 대표 톤 이미지는 '옅은'이며, 여러 가지 색조 배색의 보조 색조로 활용하기 좋다.

라이트 그레이시 톤(Light Grayish Tone)

약호는 'ltgy'이며, 회색조의 그레이시 톤 중에 가장 밝은 톤이다. 밝은 잿빛의, 얌전한, 연한, 침착한, 세련된, 차분한 느낌을 지니고 있다. 그레이시 계열 톤의 기본적인 차가움과 딱딱함을 지니고 있지만 라이트 그레이시 톤만의 차분하면서도 은은한 이미지 또한 가지고 있어 시크하면서도 도시적인 여성 이미지에 잘 어울린다. 대표 톤 이미지는 '밝은 회'이다. 엘레강스 이미지 배색에 어울린다.

소프트 톤(Soft Tone)

약호는 'sf'이며, 라이트 톤에 검정이 약간 가미된 색이다. 탁색에 속하지만 덜 톤보다 밝아서 색조가 튀지 않고 부드럽고 밝은 이미지로 여성스러운 이미지를 지닌다. 온화한, 우아한, 어렴풋한, 부드러운 느낌을 지니며, 대표 톤 이미지는 '흐린'이다. 엘레강스는 프리티나 로맨틱 이미지 배색에 잘 어울린다.

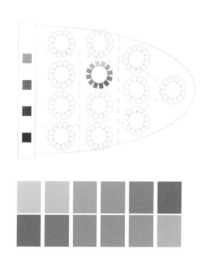

덜 톤(Dull Tone)

약호는 'dl'이며, 소프트 톤보다 검은색이 더 섞인 어두운 톤이다. 토널 배색(Tonal Coloring)의 기본 톤에 속한다. 둔한, 고풍스러운, 고상한, 모던한, 점잖은, 칙칙한, 우아한 느낌을 지니며, 대표 톤 이미지는 '탁한'이다. 클래식, 내추럴, 엘레강스 이미지 배색에 어울린다.

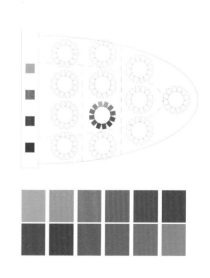

그레이시 톤(Grayish Tone)

약호는 'gy'이며, 중간 명도의 회색조의 톤으로 전체적으로 차분한 분위기를 나타낸다. 점잖은, 고상한, 차분한, 수수한, 내추럴, 은은한 느낌을 지닌다. 대표 톤 이미지는 '회'이다. 클래식, 엘레강스, 매니쉬, 모던 이미지 배색에 어울린다.

  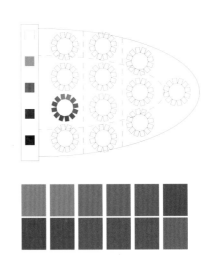

스트롱 톤(Strong Tone) _ 기본색

약호는 's'이며, 스트롱 톤은 PCCS 색 체계에서의 비비드 톤에 검정이 약간 섞인 색조를 말한다. KS 색 체계에서는 기본색을 의미한다. 비비드 톤보다 색조가 깊이감이 있어 성숙한 강렬함을 표현할 수 있다. 적극적, 화려한, 동적인, 강한, 정렬적인 느낌을 지닌다. 대표 톤 이미지는 '강한'이다. 액티브나 에스닉 이미지 배색에 잘 어울린다.

  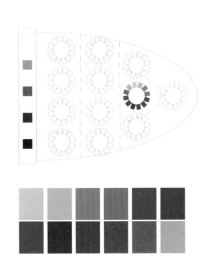

딥 톤(Deep Tone)

약호는 'dp'이며, 스트롱 톤에 검정이 더 섞인 것으로 깊이감이 있는 암청색의 톤이다. 깊은, 짙은, 고져스, 클래식, 에스닉, 충실한 느낌을 지닌다. 대표 톤 이미지는 '진한'이다. 클래식, 아방가르드, 고져스, 매니쉬 등의 다양한 이미지 배색에서 활용 가치가 높다.

  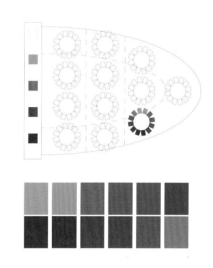

다크 톤(Dark Tone)

약호는 'dk'이며, 딥 톤에서 검정이 더 섞여 매우 깊이감 있고 견고한 색조이다. 어두운, 어른스러운, 딱딱한, 견고한, 강건한, 원숙한 느낌을 지닌다. 대표 톤 이미지는 '어두운'이다. 클래식, 모던, 고져스, 에스닉, 펑크 등의 다양한 이미지 배색에 어울린다.

  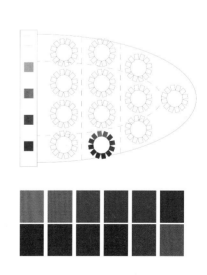

다크 그레이시 톤(Dark Grayish Tone)

약호는 'dkgy'이며, 저명도의 회색조의 톤으로 둔탁하고 견고한 이미지이다. 무거운, 단단한, 남성적인, 어두운 잿빛의, 도시적인 느낌을 지닌다. 대표 톤 이미지는 '어두운 회'이다. 도시적인 세련된 이미지의 모던 배색, 남성적 이미지의 매니쉬 배색, 그리고 반항적 이미지의 펑크 이미지 배색에 어울린다.

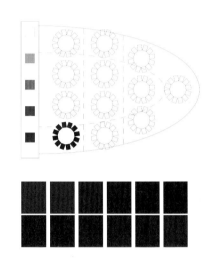

05 웜톤과 쿨톤(PCCS Tone)

웜톤(PCCS Warm Tone)

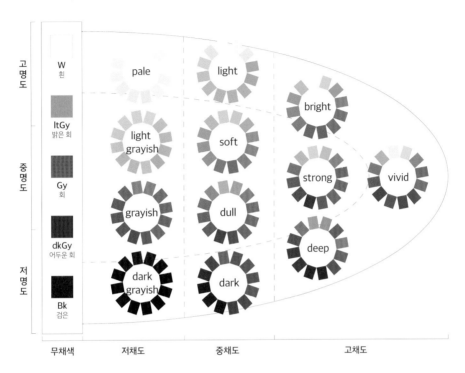

쿨톤(PCCS Cool Tone)

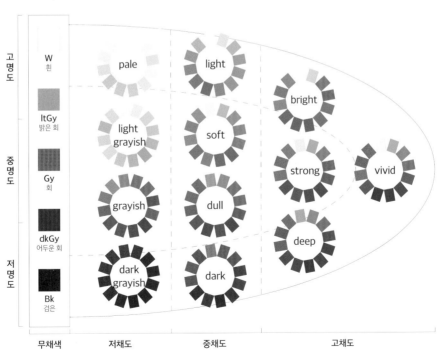

06 톤에 따른 얼굴 변화

매치하는 톤에 따라 얼굴의 색과 느낌이 변한다. 선명한 고채도의 톤을 얼굴에 대면 색의 선명도처럼 얼굴도 색이 짙어지고 광택이 생겨 활기차 보이며 건강한 느낌이 든다. 하지만 어울리지 않을 경우는 얼굴에 색들이 과하게 비쳐 올라와서 피부가 얼룩덜룩해 보일 수 있다.

- 밝은 톤의 색을 얼굴에 대면 색처럼 얼굴도 밝고 부드러워지는 느낌이 들지만 잘 어울리지 않으면 얼굴의 라인들이 흐릿해지며 힘이 빠져 보인다.
- 어두운 톤의 색들을 얼굴에 대면 색처럼 얼굴도 살짝 어두워지면서 또렷한 느낌을 주지만, 어울리지 않을 때 얼굴색이 많이 칙칙하게 어두워질 수 있다.
- 회색을 많이 섞은 탁색의 색들을 얼굴에 대면 색처럼 차분하고 부드러운 느낌이 나지만 어울리지 않으면 피곤해 보이며 아파 보일 수 있다.

이같이 각 톤의 특성에 따라 얼굴에 나타나는 긍정적인 효과와 부정적인 효과가 있다. 방송에 출연하는 연예인들도 본인이 맡은 드라마 속 역할과 이미지를 만들어내기 위해 특정 톤의 색을 활용한다. 예를 들면 지적인 느낌을 주어야 하는 배역에서 코디할 때는 깨끗하고 어두운 톤의 컬러를 무거우면서도 깔끔한 이미지를 위해 많이 사용하게 된다. 각 톤마다의 분위기를 체크해서 상황에 따라 내가 만들어내고 싶은 이미지가 있다면 특정 톤의 색을 적절하게 사용해 코디에 활용하면 좋다.

잠깐만요

피부 톤과 색상

- 밝은 밝기의 피부 톤을 지닌 사람은 대비가 되는 색상을 사용하면 얼굴이 더 하얗게 보일 수 있는데, 그 레이, 브라운, 버건디, 네이비 등의 어두운 계열의 색상이 밝은 피부 톤과 대비되는 색상이다. 하지만 하얗게 보여지는 것과 창백하게 질려 보이는 것은 색이 주는 효과가 각각 다르므로 이를 구분하여 사용하는 것이 좋다..
- 중간 밝기의 피부 톤을 지닌 사람은 다양한 색상이 잘 어우러져 보일 수 있다. 밝은 색상과 어두운 색상을 사용했을 때 편안하게 보여지게 해준다. 대체로 밝은 베이지 계열이 무난하게 소화가 되며 중간 색상보다는 조금 더 밝거나 어두운 계열의 색상을 사용하는 것이 좋다. 하지만 피부 색조와 비슷한 색상은 피하는 것이 좋다.
- 어두운 밝기의 피부 톤을 지닌 사람은 어두운 피부 톤과 비슷한 브라운 계열의 색상을 사용하면 함께 어두워 보일 수 있으니 너무 어두운 색상은 피하는 것이 좋다.

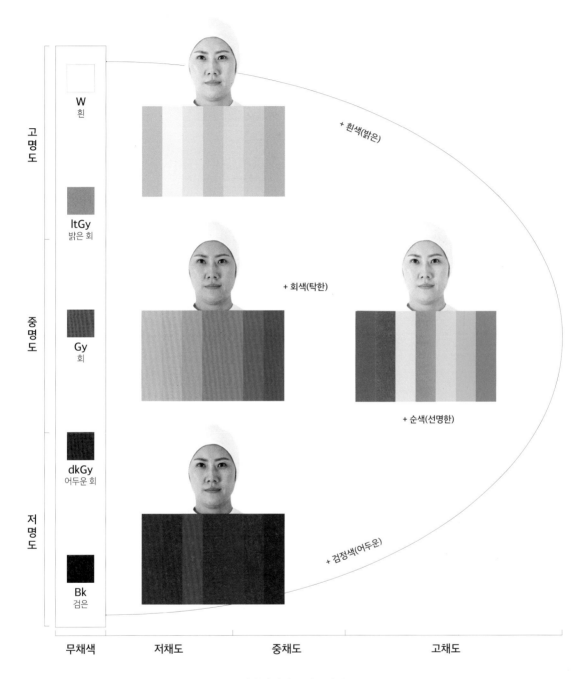

톤(색조)에 따른 얼굴 변화

배색이란 두 가지 이상의 색상이 만나 새로운 효과를 나타내는 것을 말한다. 한 가지 색으로만 코디를 하는 경우는 많지 않다. 두 가지 혹은 서너 가지 이상을 사용하기 때문에 배색으로 사용되는 색들의 조화가 중요하다. 배색을 잘 활용한다면 센스있는 코디가 되지만 잘못 활용 시 단색보다 못한 스타일링이 될 수 있다.

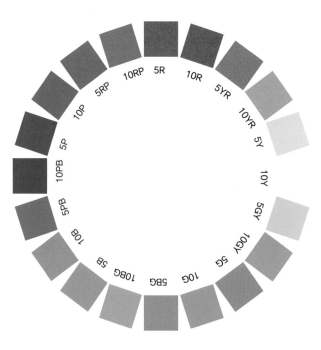

멘셀의 색상환

유사 색상

색상환에서 서로 가까이 있는 비슷한 색인 유사한 색, 즉 유사 색상끼리 조합하는 것으로, 자연스럽고 온화하며 친근감을 느낄 수 있는 배색이다.

대조(보색) 색상

색상환에서 서로 반대편에 있는 색인 대조적인 색으로 대조 색상끼리 조합하여 화려하고 생동감을 줄 수 있다.

색상환에서 보색의 근접 색들과의 배열을 말하는 것으로 보색과의 조화가 강한 인상을 주는 것이 부담스러운 경우에 사용한다.

근접 대조(보색) 색상

색상환에서 간격이 동일한 3가지 색을 선택하여 배열하는 것으로 활동적인 인상과 이미지를 준다.

등간격 3색 조화

톤온톤 배색: 동일 색상에서 두 가지 톤 이상의 명도 차(가벼운 색부터 어둡고 짙은 색)를 둔 배색이다.
톤인톤 배색: 색상은 다르지만 톤의 느낌(밝기나 농도)은 일정하게 하는 배색이다.

톤온톤/톤인톤

색상이 동일한 색끼리 조합을 하는 것으로 통일성을 부여하여 정적인 질서와 차분함, 간결함을 느낄 수 있다. 주로 계절감과 온도감을 전달하는 배색에 활용된다.

동일 색상

배색으로 사용된 두 색이 조화롭지 못하거나 그 대비가 유사 또는 보색일 경우에 두 색이 분리될 수 있도록 무채색, 금색 또는 은색 등을 사용하여 조화를 이루게 하는 배색을 말한다.

세퍼레이션

색상 또는 톤을 단계적으로 일정하게 변화시켜 율동감을 만들어내는 배색 기법으로 색상, 명도, 채도, 톤의 변화가 규칙적으로 이루어져야 한다.

그러데이션

강조색을 악센트 색상이라고 한다. 전체적인 배색이 통일되어 변화가 없을 때 기존 색과 반대가 되는 강조 색을 사용하면 보다 적극적이고 활기찬 배색을 얻을 수 있다.

악센트

Chapter 04

색의 이미지

Section 01 **색의 이미지 공간**

색의 이미지 공간은 형용사 이미지 스케일, 단색 이미지 스케일, 배색 이미지 스케일로 구성된다. 이 공간은 세로 방향으로 부드러움과 딱딱함의 경연감을 나타내는 축과 가로 방향의 동적임과 정적임의 운동감을 나타내는 축으로 이루어져 단색, 배색, 형용사가 고유의 위치를 가진 것을 보여준다. 본 항목에서 다룰 내용은 한국의 IRI 색채연구소(Image Reserch Institute Inc.)에서 제작한 색채 이미지 공간(IRI Hue & Tone System, IRI 색채연구소가 산업자원부의 지원을 받아 분야별 마켓에 등장하는 색을 기준으로 유채색 11단계, 무채색 5단계로 분류)을 기본으로 한다. 이는 서로 다른 개념인 색채와 형용사를 같은 차원으로 볼 수 있다.

01 형용사 이미지 스케일(I.R.I 형용사 이미지 스케일)

색채를 표현하는 형용사들을 하나의 평면에 위치하게 하여 비슷한 그룹으로 묶은 것으로, 색채 정보, 형태, 소재 등에 대한 객관적 이미지 분석에 유용하다. 언어 스케일은 불분명한 경계를 보이는 형용사의 특징을 이해해야 한다. 배치된 위치에서 인접한 각기 다른 형용사가 자연스럽게 그 영역이 맞닿아 있다면 그 의미도 자연스럽게 다른 형용사로 넘어간다.

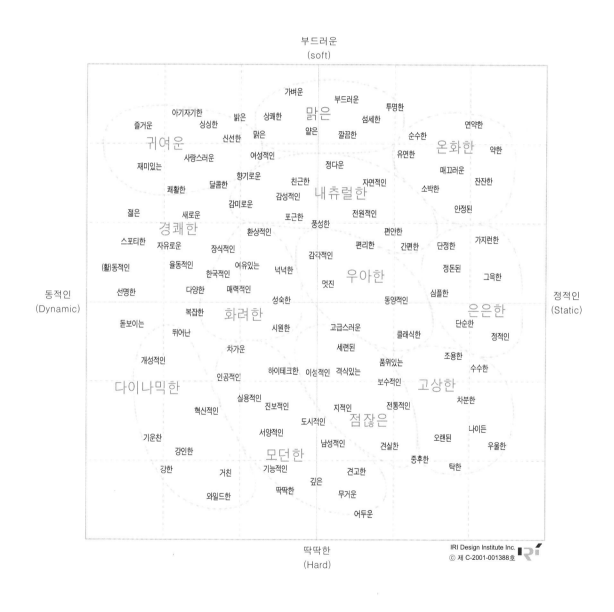

02 단색 이미지 스케일(I.R.I 단색 이미지 스케일)

색상을 각각의 색채가 갖는 인상과 심리적 이미지 판단 값을 가지고 톤과 명암 단계에 따라 나누어, 이미지 언어로 만들어 좌표 위에 위치하게 한 것이다. 각각의 색채가 갖는 이미지의 차이를 서로 간의 위치, 점 그리고 공간적 거리 등의 시각 정보로 나타내어 색에 대한 이미지 정보를 한 눈에 볼 수 있다는 장점이 있다.

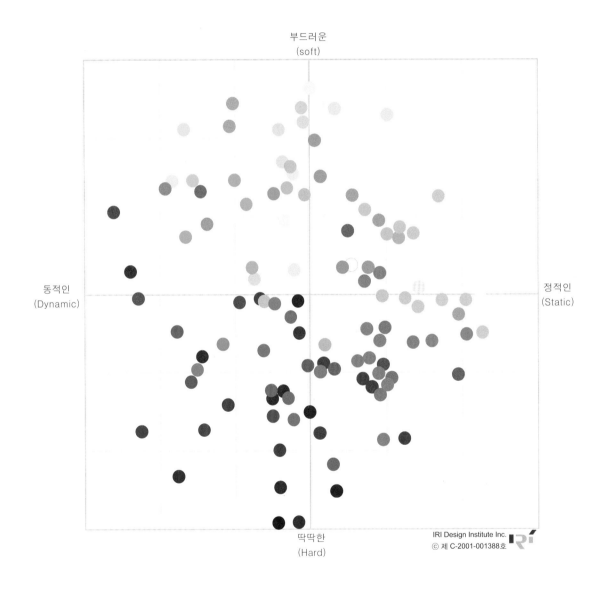

03 배색 이미지 스케일(I.R.I 배색 이미지 스케일)

　단색 이미지 스케일을 기본으로 설정하여 색채 배색 원리에 따라 3가지의 색을 배색한 후, 배색이 주는 이미지에 따라 비슷한 배색을 그룹화하여 배치한 것이다. 특정 배색 간에 어떤 특징을 공유하고 있는지 또는 차이를 보이는지를 알 수 있게 시각화한 것이다.

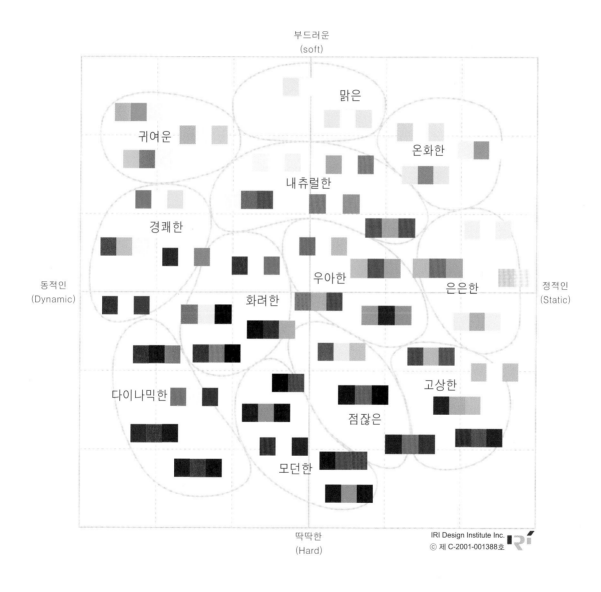

형용사 이미지 배색

귀여운 이미지

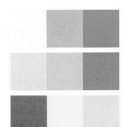

난색 계열 중 명청색(밝고 맑은 색)을 활용해 사랑스럽게 배색한다. 주로 비비드, 라이트, 페일 톤의 빨강, 주황, 노랑, 초록 색상을 주로 사용하고 반대 색상으로 리듬감을 주어 배색하면 발랄한 귀여움을 표현할 수 있다.

#사랑스러운 #아기자기한 #로맨틱 #신선한 #쾌활한 #달콤한 #어린아이

맑은 이미지

한색 계열 중 명청색을 활용해 청량감 있게 배색한다. 화이티쉬, 페일의 파스텔 톤을 주로 사용하며, 하양과 배색하면 깨끗하고 맑은 이미지를 표현할 수 있다.

#투명한 #순수한 #즐거운 #재밌는 #신선한 #사랑스러운 #물 #호수

온화한 이미지

동일, 유사 색으로 탁색을 주로 배색하되, 흰색과 선명한 색을 사용하지 않고 부드럽게 배색한다. 난색과 중성색 계열의 색상을 화이티쉬, 라이트 그레이시, 소프트 톤을 중심으로 배색하여 차분하면서도 부드러운 이미지를 표현한다.

#유연한 #안정된 #소박한 #포근한 #따뜻한 #연약한 #부드러운

경쾌한 이미지

고채도의 컬러와 무채색의 흰색 등을 활용해 선명하게 배색한다. 비비드, 소프트, 라이트 톤의 명청색 계열을 주로 사용한다. 유사 색상으로 배색하면 가벼운 느낌의 경쾌함을, 반대 색상으로 배색하면 활동적인 경쾌함을 줄 수 있다.

#명랑한 #자유로운 #선명한 #스포티한 #활동적인 #개성있는 #생명력 #운동

화려한 이미지

자주와 보라 색상을 중심으로 고채도의 자극적인 톤으로 배색한다. 비비드, 스트롱, 딥, 다크 톤의 고채도의 색과 저채도의 색으로 대조 배색을 하거나 검정을 포인트 배색하여 고채도 색상을 강조할 수 있다.

#환상적인 #넉넉한 #파티 #성숙한 #매력적인 #강렬한

내추럴한 이미지

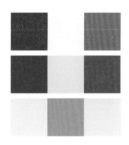

연두, 초록, 주황, 노랑 색상을 주로 사용하며 중명도, 중채도의 톤으로 자연스럽게 배색한다. 라이트, 페일, 소프트, 라이트 그레이시, 덜, 딥, 다크의 다양한 톤을 사용한다.

#친근한 #포근한 #정다운 #나무 #시골 들판 #자연적인 #소박한 #편안한

우아한 이미지

보라, 자주 색상을 주로 사용하며 중명도, 중채도의 톤으로 유사, 반대, 토널 배색을 적용해 우아하게 배색한다. 화이티쉬, 라이트, 페일, 소프트, 라이트 그레이시 톤을 사용해 부드러운 느낌을 나타낸다.

#감각적인 #클래식한 #고상한 #기품있는 #여성적인 #동양적인 #멋진

은은한 이미지

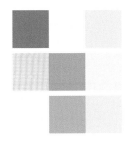

연두, 파랑, 보라 등의 색상과 고명도와 탁색 계열의 톤으로 은은하게 배색한다. 난색과 한색 계열에서 화이티쉬, 라이트 그레이시, 그레이시, 다크 그레이시, 소프트의 채도가 낮은 톤을 사용하며, 여기에 고명도의 회색을 배색하여 차분하고 세련되게 표현한다.

#단정한 #정돈된 #고요한 #간편한 #가지런한 #그윽한 #소박한 #단순한

다이나믹한 이미지

빨강, 노랑, 파랑 색상의 원색 중심으로 강한 대비를 적용해 극단적으로 배색한다. 주로 비비드, 스트롱 톤의 색들과 암청색(맑은 어두운 색)인 딥 톤이나 검은색으로 포인트를 주어 배색하면 역동적인 느낌을 줄 수 있다.

#뛰어난 #혁신적인 #개성적인 #강인한 #운동선수 #거친 #와일드한 #기운찬

모던한 이미지

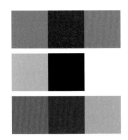

무채색과 저명도의 뉴트럴 톤을 활용해 차가운 배색을 한다. 파랑이나 남색을 주로 사용하고, 여기에 흰색, 회색, 검정의 무채색을 함께 배색하여 중성적이고 차가움을 표현한다. 소프트, 덜, 라이트 그레이시, 다크 그레이시, 다크, 블랙키시(blackish) 등의 톤에서 한색 계열의 색과 하양과 검정을 배색하여 강한 느낌을 주거나 유사 색조 또는 회색을 배색하여 차분함이 강조되게 배색한다.

#차가운 #인위적인 #도시적인 #남성적인 #진보적인 #기계적인 #현대적인

점잖은 이미지

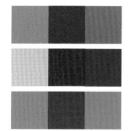

회색과 저명도 톤의 색상을 활용해 딱딱하고 정적으로 배색한다. 덜, 딥, 다크, 다크 그레이시의 저명도의 톤을 사용하며 색상보다는 톤을 잘 사용하는 것이 중요하다. 여기에 저명도의 무채색을 배색하여 무거운 느낌을 더해 준다.

#격식 있는 #보수적인 #지적인 #견실한 #전통적인 #고급스러운 #클래식한

고상한 이미지

난색 계열의 색상을 주로 사용하여 여성적인 클래식한 배색을 한다. 라이트 그레이시, 그레이시, 소프트, 덜의 저채도의 톤과 암청색인 딥과 다크 톤을 배색하여 중후한 이미지를 내면서 보라나 자주로 포인트를 주어 배색하면 우아한 이미지를 줄 수 있다.

#조용한 #오래된 #나이든 #수수한 #우울한 #오래된 #차분한

클래식 이미지(Classic Image)

클래식은 고전적, 전통적 의미로 딥, 다크, 덜, 그레이시 톤이 주를 이루며 노랑, 청록, 자주, 갈색의 색상을 주로 배색한다. 따뜻하고 깊은 느낌을 주면서도 보수적인 분위기의 격조가 있는 배색이다.

#중후함 #고상함 #격조 #단아함 #보수적

아방가르드 이미지(Avant-Garde Image)

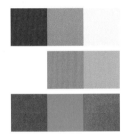

아방가르드는 전위예술이라는 의미로 혁신적인 예술 경향을 말한다. 독창적이면서도 실험적인 배색을 주로 한다. 균형감이 있는 배색보다는 균형의 파괴 쪽에 가깝다. 톤은 주로 비비드, 스트롱, 덜, 딥 톤에서 다양한 색상을 정해진 규칙 없이 사용한다.

#전위적 #충격적 #신선함 #독창적 #파괴적

모던 이미지(Modern Image)

모던은 도시적, 현대적 의미로 절제된 형태와 색상 모두에서 미니멀리즘(minimalism)을 느낄 수 있다. 전체적으로는 딥, 다크, 다크 그레이시 톤을 사용하고 라이트 그레이시, 그레이시 톤과 무채색과 가까운 톤들로 배색한다. 색상은 남색, 청록, 보라, 회색을 주로 사용한다.

#딱딱함 #도시적 #차가움 #메탈릭 #은색

내추럴 이미지(Natural Image)

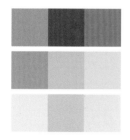

내추럴은 자연의 편안함과 온화함의 이미지이다. 자연에서 보여지는 색채를 중심으로 부드럽고 따뜻한 느낌을 주는 색상을 배색한다. 라이트 그레이시, 덜 톤에서 나무와 숲의 색인 노랑, 주황, 연두, 초록, 갈색의 색상을 사용해 톤 차이가 크지 않게 배색한다.

#따뜻함 #편안함 #자연친화적 #온화함 #자연

엘레강스 이미지(Elegance Image)

엘레강스는 우아함을 의미하며 고상하고 세련된 이미지를 연상시킨다. 기품있는 질서와 꾸밈없는 단아함으로 성숙한 여성의 이미지를 표현, 라이트 그레이시, 그레이시, 덜, 소프트 톤의 회색 기미의 톤으로 배색한다. 분홍, 보라, 자주, 인디언 핑크, 와인 등의 색이 주를 이룬다.

#우아함 #고상함 #기품 #격조 #세련됨 #성숙함

프리티 이미지(Pretty Image)

프리티는 귀엽고 사랑스러운 어린 여성의 이미지로 꿈을 꾸는 듯이 달콤하며 신비롭고 낭만적인 이미지이다. 주로 고명도인 페일, 라이트, 소프트 톤을 사용하고 다양한 색상의 파스텔색이 주를 이룬다. 상징적인 색상은 분홍이고, 노랑, 주황, 연두 계열의 색으로 귀여운 이미지를 줄 수 있다.

#귀여움 #사랑스러움 #공상적인 #낭만적인 #달콤함 #순수함

고저스 이미지(Gorgeous Image)

고저스는 '화려한, 멋진'을 의미하며, 호화스러우며 고급스럽고 사치스러운 이미지의 배색이다. 고상한 여성스러움보다는 고저스만의 밖으로 분출되는 매력적인 여성성을 표현한다. 색상은 빨강, 청록, 자주, 보라를 주로 사용하고 톤은 덜, 딥, 다크 톤을 사용한다. 펄이나 큐빅 등으로 화려함을 극대화한다.

#화려함 #호화로움 #사치스러움 #멋진 #고급스러움

에스닉 이미지(Ethnic Image)

에스닉은 '민족적인'이라는 뜻으로 특정 지역의 생활 풍습과 자연 환경 등에서 모방한 이색적이며 토속적인 분위기이다. 역사와 시대적 의미를 포함한 경우가 많아 종교적이거나 토속적인 문양의 색으로 배색하기도 한다. 선명하고 어두운 비비드, 스트롱, 딥, 다크 톤을 주로 사용해 배색한다. 난색 계열의 색을 주로 사용한다.

#이국적 #토속적 #원시 #원색적 #자연 #민족적 #종교적

매니시 이미지(Manish Image)

매니시는 '남성적인'이라는 뜻으로 견고하고 딱딱한 이미지를 말한다. 딥, 다크, 다크 그레이시 톤을 사용하여 강하고 단단한 느낌을 주며, 색상은 난색 계열이 아닌 한색 계열을 회색 계통으로 절제된 배색을 한다. 은색이나 메탈릭한 소재를 강조 색으로 사용할 수 있다. 수수함보다는 멋스러운 분위기를 가진다.

#단단함 #견고함 #강함 #딱딱함 #중후함

액티브 이미지(Active Image)

액티브는 역동적이고 건강한, 젊고 활동적인 이미지이다. 라이트, 스트롱, 비비드의 밝고 선명한 톤을 사용하며, 흰색과 검은색을 중간 배색하여 주목성을 높이는 배색도 좋다. 반대 색상 배색, 강조 효과나 분리 효과 배색 등으로 강한 이미지 배색을 하며, 배색 공간에 동적인 무늬로 배색의 이미지를 강조한다.

#경쾌함 #활동적 #활기참 #건강함 #역동적

캐주얼 이미지(Casual Image)

캐주얼은 '평상시의'라는 의미로 주로 대중적인 일상복에 활용되며 젊고 발랄한 이미지를 준다. 얼핏 액티브와 비슷해 보이나 더 편안하고 자연스러움을 추구한다. 색상은 자유로움을 느끼게 하고, 배색은 규칙적이지 않음을 보여준다. 강조나 대비 배색보다는 단일 색상, 유사 색상, 그러데이션 등의 배색을 활용한다.

#활동적 #편안함 #쾌활함 #통쾌함 #평상시 #일상 #젊음

펑크 이미지(Punk Image)

펑크는 불량배를 뜻하는 속어로 음악 용어인 펑키에서 파생되었다. 1970년대 후반을 풍미하던 젊은이들의 관습에 얽매이지 않고 반항적이며 감각적인 문화 전반의 태도를 일컫는다. 딥, 다크, 다크 그레이시 톤을 주로 사용하며, 색상은 검정이 기준이 되어 강렬한 빨강 등을 배색해 주목성을 높이는 경우가 많다.

#파격 #도발 #반항 #펑키 #감각적

로맨틱 이미지(Romantic Image)

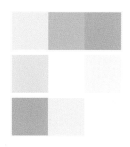

로맨틱 이미지는 여성다운 부드러움, 우아함, 귀엽고 사랑스러운 이미지이다. 밝은 톤의 색상은 따뜻한 색 계열이든 차가운 색 계열이든 다양하게 사용해도 좋지만, 차분한 톤은 따뜻한 색조를 사용하는 것이 부드럽고 여성적인 이미지를 나타내는 데 효과적이다. 화이티시, 페일, 라이트 톤이 주로 사용된다.

#부드러움 #우아함 #사랑스러움 #귀여움 #온화함

댄디 이미지(Dandy Image)

댄디는 멋있는, 품위 있는, 날씬한, 세련된 등의 남성적인 이미지로 격조, 고상함, 지성미, 안정감, 침착함, 거칠음 등을 주로 전달한다. 또한 활동성과 자립성이 강한 여성의 도회적인 이미지이기도 하다. 색상은 검정, 회색, 네이비 블루 계열이고, 그레이시, 다크 그레이시, 딥 톤의 어두운 색조가 어울린다.

#멋있는 #품위 #고상함 #지성미 #안정감 #활동성 #세련미

Chapter 05

색의 의미와 상징

Section 01 색의 상징적 이미지

컬러가 가지고 있는 상징적 이미지는 많은 사람이 공통적으로 공감하는 컬러를 말한다. 예를 들어, 서양의 백인과 흑인, 동양인의 피부색을 생각하면 흰색, 어두운색(검은), 황색이 바로 떠오르는 이유는 색이 가지고 있는 고유의 상징적 이미지 때문이다. 나라마다 전통적인 의미가 담긴 국가의 상징인 국기의 컬러, 각 기업이 추구하고자 하는 의미가 내포된 심벌 마크의 컬러, 위험을 상징하는 빨간색과 안전을 상징하는 초록색처럼 컬러만으로도 연상되는 이미지를 말한다.

컬러가 가진 긍정적인 의미와 부정적인 의미의 특징들을 이해하고 색을 사용한다면 사용하는 분야에서 최대의 효과를 볼 수 있다.

> 잠깐만요
>
> 스타벅스 심벌 마크의 컬러는 누구나 알고 있는 초록색이다. 이는 환경과 자연을 생각하며 환경 경영을 지향하는 이미지를 주기 위해서, 코카콜라의 빨간색 로고는 130년을 넘도록 변함없이 지속되어 오고 있다. 대부분 사람이 코카콜라 하면 빨간색을 자연스레 연상하는 것이 상징적 이미지이다.

컬러		긍정적	부정적
빨강 (Red)		애정, 태양, 열정, 활력, 강렬, 생명, 위로, 사랑, 감성, 에너지, 애국심, 따뜻함, 로맨스	불, 흥분, 혁명, 위험, 분노, 폭력, 공격, 전쟁, 광란, 폭력, 공산주의
주황 (Orange)		화, 행복, 축제, 영감, 여유, 명랑, 기쁨, 환희, 즐거움, 호기심, 부유한, 지적인, 따뜻함, 활동적인	자극, 불안, 변덕, 산만함
노랑 (Yellow)		빛, 힘, 행복, 밝음, 지성, 번창, 지혜, 명랑, 웃음, 희망, 천진함, 따뜻함, 긍정적, 귀여움, 낙천주의	주의, 불안, 경솔, 좌절, 배신, 외로움, 비겁함, 신경질, 유약함, 위험 경고
초록 (Green)		돈, 성장, 평온, 번창, 건강, 희망, 헌신, 조화, 화해, 평화, 휴식, 젊음, 무공해, 안정감, 생명력, 긴장 이완, 자연스러움	독, 미숙, 타락, 재앙, 괴물, 진부함
파랑 (Blue)		지성, 진실, 신뢰, 헌신, 정의, 치유, 순수, 낭만, 평온, 청결, 애국, 숭고함, 차분함, 청량감, 시원함	냉정, 무심, 낙담, 우울, 실망, 고독, 차가움, 소극적, 내성적인, 권위적인
분홍 (Pink)		행복, 애정, 애교, 순진, 이해, 온화, 섬세한, 진정, 낭만적, 달콤함, 소녀적, 매력적인, 로맨틱한 사랑	공주병, 무방비, 미숙한, 연약함, 정서적 결핍, 의지력 부족, 상처 받기 쉬운, 지나치게 감성적인
보라 (Violet)		부, 개성, 왕족, 지적, 영적인, 신비, 존경, 절대적 예술성, 집중력, 자립심, 고귀한, 우아함, 상상력, 창조적, 이국적인	사치, 초조, 긴장, 불안, 고독, 슬픔, 고통, 자만, 갈등, 향락, 감정 기복
갈색 (Brown)		안정, 대지, 여유, 풍요, 건강, 적응, 위로, 보안, 우정, 안락함, 모성애, 고급스러움, 본질적인	퇴락, 무시, 더러움, 가난, 배고픈, 게으른, 딱딱함, 지루한, 생명력 감퇴
회색 (Grey)		중립, 성숙, 신중, 단념, 회상, 지성, 세련, 영원한, 실용적인	후회, 지친, 쇠퇴, 무력함, 이기심, 공허함, 쓸쓸함, 무관심, 바이러스, 의기소침
검정 (Black)		힘, 지성, 위엄, 결단력, 장엄함, 강대한, 신성한, 리더십	악, 죽음, 공포, 불안, 어둠, 암흑, 지옥, 부정, 금기, 절망, 우울, 위압감, 무의식
하양 (White)		신, 순결, 결백, 정직, 순수, 투명성, 자유, 무죄, 지혜, 축복, 개방, 자유, 기품, 완벽한, 깨끗함, 신성한, 깨달음	결핍, 절망, 죽음, 금욕, 영적인, 무감각, 무관심, 외로움, 긴장감, 경계심

컬러의 연상적 이미지

컬러의 연상적 이미지란 사람이 느끼는 감성적 측면에서 연상할 수 있는 이미지의 컬러를 말하는 것으로, 즉 어떤 컬러를 떠올릴 때 사람들은 저마다 각각의 다른 이미지를 떠올리게 된다. 예를 들어, 파란색 컬러를 떠올렸을 때 하늘을 떠올리는 사람과 바다를 떠올리는 사람도 있다. 심리적으로 느끼는 색들은 촉감, 온도감, 무게감 등의 기억이 있으며, 우리의 뇌 속에 기억된 색과 사물의 감정을 의미하며 환경이나 문화, 개인의 취향과 성향에 따라 크게 달라질 수 있다.

인간이 느끼는 감성적 측면과 어떤 색을 떠올릴 때 연상되는 이미지의 컬러를 눈으로 보고 입력된 색은 우리의 뇌에서 연상과 의미를 부여한다.

컬러	이미지	연상어
빨강 (Red)		피, 태양, 딸기, 사과, 소화기, 장미꽃, 입술, 소방차, 립스틱, 우체통, 산타
주황 (Orange)		귤, 감, 당근, 단풍, 노을, 오렌지, 비타민, 환타, 등불
노랑 (Yellow)		봄, 나비, 레몬, 유아, 카레, 개나리, 병아리, 해바라기, 옥수수, 교통표지판
초록 (Green)		산, 숲, 자연, 잔디, 야채, 이끼, 녹차, 칠판, 개구리, 풋과일, 스타벅스
파랑 (Blue)		물, 바다, 수영, 하늘, 유리, 지구, 해변가, 사파이어, 포카리 스웨트
분홍 (Pink)		소녀, 장미, 공주, 사탕, 유아, 딸기 우유, 아이스크림, 헬로우 키티

보라 (Violet)		멍, 포도, 보석, 가지, 라일락, 자수정, 라벤더, 제비꽃
갈색 (Brown)		땅, 흙, 빵, 사막, 가구, 보리차, 통나무, 초콜릿, 캐러멜, 상자 박스
회색 (Grey)		쥐, 스님, 안개, 돌멩이, 스모그, 먹구름, 고속도로, 콘크리트
검정 (Black)		밤, 숯, 상복, 악마, 까마귀, 머리카락, 아프리카, 아스팔트, 검은고양이, 샤넬백, 타이어
하양 (White)		눈, 겨울, 설탕, 백합, 얼음, 소금, 진주, 천사, 소복, 의사, 종이, 백설공주, 정신병원, 와이셔츠, 웨딩드레스

[퍼스널 컬러로
나를 브랜딩하라]

Chapter 06

색채 심리학

Section 01 색채 심리학이란 무엇일까?

인간의 심리를 연구하는 학문이 심리학이라면, 색채 심리학은 색이 인간의 마음과 몸에 어떤 영향을 미치는지와 특정한 색이 기분과 감정에 어떤 영향을 주는지, 어떤 감정일 때 특정 색을 선택하는지에 따라 인간이 심리적으로 어떻게 반응하고 행동하는지에 관해 연구하는 학문이다.

미국 컬러 리서치 연구소(Color Research Institute of America)의 조사에 따르면 소비자가 제품을 선택할 때 93%가 시각, 즉 외부 디자인에 의해 구매 결정을 하는데, 그중에서도 85% 이상은 제품의 색상이 최종 구매로까지 이어진다는 결과가 나왔다. 또 다른 연구에서는 제품을 구매할 때 90초 안에 결정을 내리게 하면 62~90%의 사람들이 90초 이내에 그 제품이 어떤 색인지를 기준으로 최종 결정을 한다고 한다.

이처럼 색은 현대사회에서 중요한 작용을 하는 요소로 볼 수 있다.

01 기억색과 현상색의 의미

기억색

사람의 머릿속에 고정관념으로 인식되어있는 색으로, 어떠한 기억 속에 잠재되어있는 무의식적인 추론에 의해 결정된다. 빨간 사과만을 먹어 본 사람들은 사과하면 빨간색을 먼저 떠올리지만 실제로 사과는 연두색, 노란색의 사과도 있다. 이처럼 무의식적인 학습을 통해 대답하는 색을 기억색이라 한다.

기억색은 살아온 환경과 문화, 지역 풍토와 개인적 심리 상태에 따라 다르게 인식된다.

현상색

빛의 물리적 현상으로 인해 보이는 색으로 실제 색을 의미한다. 즉, 사과하면 바로 떠오른 색이 빨강이라는 것을 기억색이라 한다면 현상색은 기억색과 다른, 실제로 보이는 모든 색을 말한다. 예를 들어 사과 하나를 자세히 잘 살펴보면 온전히 빨간색이 아니라 갈색도 보이고 주황색과 연두색, 노란색도 보인다. 이렇듯 실제 보이는 색을 현상색이라 한다.

02 컬러 심리효과

빨강(Red)

빨간색은 색 중에서 가장 긴 파장을 가진 색으로 가장 역동적이고 강렬한 색이다. 대표적인 상징은 불, 열정, 위험, 에너지 등이 있으며, 심장박동수를 증가시키고 긴박감을 전달한다. 사람들 눈에 잘 띄는 컬러로, 경고나 위험 표시에도 일반적으로 쓰이며 마케팅에서도 활용도가 높은 컬러이다. 반면 빨간색이 주는 에너지가 강하기 때문에 흥분과 피로를 쉽게 느낄 수 있어 공격적인 성향에게 빨간색은 자극적인 요소가 될 수 있다.

EBS 채널에서 진행한 "컬러가 인간에게 미치는 영향력"에 대한 실험 연구에서 빨간색 방과 파란색 방에 10명의 학생을 번갈아 들여보내면서 20분이 경과하면 알아서 밖으로 나오라고 하였다. 실험에서 빨간색 방에 들어간 참가자들은 평균 16분 만에 모두 밖으로 나왔으며, 그들의 소감은 긴장감이 커진다, "정신이 없다, 어지럽다, 답답하고 눈이 아프다."라고 말했지만, 파란색 방에 들어간 참가자들은 20분이 지나도 느긋해 하며 잠을 자거나 편안하게 장난을 치는 모습을 보였다. 파란색 방에서 나온 참가자들의 평균 시간은 24분으로 참가자들의 소감은 "차분해진다, 부드럽다, 느긋해진다, 졸린다." 등 이었다. 이 실험 결과에서 사람들에게 빨간색은 흥분되고 혈압이 높아지거나 맥박이 빨라지는 등 생리적 반응에 영향을 미치는 것으로 나타났다.

또 다른 연구로 미국 로체스터 대학의 연구자들은 남자가 여자를 대하는 태도에 컬러가 미치는 영향을 알아보기 위해 실험을 진행하였는데, 실험 결과 빨간색 옷을 입거나 배경이 빨간색이었던 사진 속 여성에게 남자들은 더 관심을 보이며 더 매력적으로 느끼고 성적 관심이 함께 생긴다고 답했다. 그뿐만 아니라 데이트 비용을 기꺼이 지불할 의사가 있다고 답했다. 또 다른 예로 빨간색 유니폼을 입은 운동선수들의 경기 분석 결과 빨간색의 유니폼을 입고 경기했을 때 승리 확률이 높았으며 빨간색의 속성을 가진 코카콜라 광고는 넘치는 힘과 폭발할 것 같은 에너지를 제공한다고 강조한다. 이처럼 빨간색 컬러는 체력 상승효과와 더불어 공격성이 강화되고 정력과 성욕의 육체적인 심리 반응을 나타내면서 신체와 남성적인 에너지와 관계가 있음을 알 수 있다.

빨간색을 좋아하는 사람의 성격

- 사람을 좋아하며 대인관계가 좋다.
- 평소 정의감이 강하고 활발하며 사교적이다.
- 행동파이며 자신의 감정을 솔직하고 거침없이 표현한다.

주황(Orange)

일상의 즐거움과 장난기, 명랑한 기운을 주며 따스한 빛을 연상시키는 색으로 풍요로움을 상징한다. 석양과 노을에서 볼 수 있는 색으로, 계절감은 가을과 가장 잘 어울린다. 난색 계열의 빨강과 노랑이 혼합된 주황은 두 색이 공통적으로 지닌 높은 주목성이 특징이다. 따라서 공사 현장 등 주의를 요하는 곳에서 특히 자주 사용되고 있다. 반면 주황색은 색 선호도에서는 가장 인기가 없는 색이다. 조 할록(Joe Hallock)은 2003년 웹 설문조사를 통해 색상 선호도를 조사했는데 가장 좋아하지 않는 색으로 주황색(30%)이 1위에 올랐고 이미지에 관한 설문에서는 저렴함(26%), 재미있다(28%) 항목에서 주황색이 가장 높게 선정되었다. 저렴함으로 인식된 이 주황색은 현재 명품 브랜드 에르메스의 포장박스로 유명하다.

위 설문 내용처럼 명품 이미지와 다르게 주황은 고급스러운 색은 아니다. 1920년대 에르메스 박스는 크림색에 황금빛 테두리를 두른 모습이었지만, 제2차 세계대전 당시 물자 부족으로 아무도 원하지 않은 오렌지색을 사용하면서 현재의 에르메스를 상징하는 오렌지 박스가 탄생하게 되었다. 패션에서 주황색은 자칫 다른 색과 잘못 매치하면 촌스러워 보이거나 가벼워 보일 수 있기 때문에 활동적인 의상의 포인트 컬러나 가방 또는 스카프, 액세서리에 주황색을 컬러를 활용하면 좋다.

주황색은 식욕을 인지하고 오감각 중 기쁨을 담당하고 있다. 한 연구 결과에 의하면 오렌지를 포함한 난색의 음식과 식기들로 구성할 때 평균보다 더 많이 먹는다고 하였고, 음식점의 내부 인테리어와 조명이 주황색일 때 식욕을 더 느끼게 한다는 연구 결과로 인해 푸드 관련 업계에서 주황색을 더 선호하게 되었다. 주황색을 좋아하는 사람들의 특징은 공동체 안에서의 생활을 원만하게 유도하거나 사회적으로 파트너십 관계가 우수하다는 것이다. 또한 융통성과 사교성이 좋아 흔히 인싸의 느낌이 강한 성향의 사람들이 많다.

주황색은 활기차고 긍정적인 이미지뿐만 아니라 오렌지 향기의 감각이 전해지는 컬러이다.

주황색을 좋아하는 사람의 성격

- 감정기복이 있는 편이다.
- 명랑하고 활동적이며 건강하다.
- 사교적이며 동료애가 있다.
- 경쟁심이 강하고 도전적이다.

노랑(Yellow)

노란색은 긴 파장으로 인간의 감정과 신경계에 영향을 미친다. 괴테의 색채론에 의하면 노란색은 긍정적이고 적극적이며 부드러운 자극을 주는 색이다. 계몽을 암시하기도 하고 밝은 빛을 내는 컬러로 지성과 지혜로움의 긍정적인 이미지를 가지고 있다. 또한 풍요로움과 부를 상징하며 자존감을 높여주는 컬러로 자신만만함과 긍정적인 에너지가 있어 동양에서는 황제의 색으로 사용하기도 했다.

반면 노란색을 많이 사용하면 짜증과 불안, 우울을 생성한다. 최악의 상황에서는 자살 충동을 일으킬 수도 있다. 노란색은 좌뇌를 자극하는 데 노란색을 자주 사용할수록 정신력을 강화시키고 기억력과 학습력을 높여주며, 짙은 노란색은 현실성이 결여되거나 의존성과 보호 부족으로 불안감을 느끼는 사람들의 정서적 이완에 도움이 된다. 평소 주변 사람들에게 신뢰감을 필요로 할 때 노란색을 자주 찾게 된다고 한다.

노란색은 패스트푸드 산업에서 많이 사용되는 색으로 빠르게 회전되어야 하는 매장에서 고객들이 오래 머물지 않게 하는 효과를 나타내기도 하지만 장시간 근무해야 하는 환경에서는 눈을 지치게 하여 피로감을 빠르게 느껴 근무자들의 업무 효율을 떨어트릴 수 있다.

노란색을 좋아하는 사람의 성격

- 그룹의 중심인물이다.
- 독특한 성격이며 유머 감각이 있다.
- 새로운 것을 좋아하고 남다른 발상과 창의적이다.

초록(Green)

초록은 많은 색 중 사람들에게 가장 안정감을 느낄 수 있도록 하는 색이다. 휴식이 필요할 때나 긴장감이 들고 화가 난 상태일 때 초록색을 찾게 된다. 초록은 평온과 조화와 균형을 이루게 해 주며 긴장 해소에도 도움이 되는 컬러이다. 기운을 돋우어주며 새로운 성장과 재생을 상징한다. 많은 기업이 사회적으로 대두되고 있는 환경 문제에 친환경적 기업으로 인식되기 위해 스타벅스처럼 초록색을 선호한다.

초록색은 우울증 환자에게도 긍정적으로 작용한다. 영국 런던의 템스강에 있는 검은색의 다리(Black Friars Bridge)에서 투신자살이 빈번하게 일어났다. 그러나 검은색 다리를 초록색으로 칠한 이후 자살률이 34%나 감소했다. 초록색은 불안과 우울한 감정을 감소시켜주는 편안함과 안정의 심리작용으로 자살 충동을 억제하는 효과를 나타냈다.

초록색을 좋아하는 사람의 성격

- 사회성이 있고 성실하다.
- 예의가 바르고 모범적이다.
- 협력과 조화를 돕는 평화주의자

파랑(Blue)

통계적으로 사람들이 가장 좋아하는 색으로 파란색을 많이 선택한다. 하늘과 바다를 연상하게 하고 편안함과 안정감을 주어 집중력과 수면에 도움이 된다. 피로도가 쌓이고 아픈 증상이 있을 때 파란색의 욕구가 커진다고 한다. 욕실에 푸른색의 느낌을 주면 정신을 맑게 해 주어 아침을 상쾌함과 활력을 느낄 수 있다.

파랑은 평온한 분위기를 만드는 색으로, 유독 각종 범죄가 유난히 자주 발생한 일본의 한 도시에 푸른색의 가로등을 설치한 이후 범죄율이 0%가 된 사례가 있다. 또한 파란색은 식욕감퇴 효과가 가장 큰 색으로 다이어트를 한다면 파란색이 도움이 된다. 일부 연구에서는 식욕을 떨어뜨리는 색인 파란색을 식품 포장재에 사용하는 것에 주의를 당부하였다고 한다.

파란색을 좋아하는 사람의 성격

- 규율과 예의를 중요시한다.
- 자신의 의사 표현이 뛰어나고 자립심이 강하다.
- 부드러운 성향으로 남들과 경쟁하는 것을 어려워한다.

분홍(Pink)

분홍색을 좋아하는 사람들은 정이 많고 부드러워 마음이 여린 성향을 지닌다고 한다. 양육과 돌봄, 즉 따뜻한 사랑과 애정을 표현하는 색인 반면 남자들의 주변에 분홍색이 많으면 무기력해지기도 한다.

1975년 미국 캘리포니아 수용소에 격리된 수감자들 대상으로 실시한 "컬러가 인간의 공격성을 억제할 수 있는가"에 대한 실험 연구에서 폭력이 난무했던 범죄자들이 모여있는 수용소의 내부를 분홍색으로 바꾸고 난 뒤 수감자들의 폭력성이 큰 폭으로 낮아지는 연구 결과를 얻었다고 한다. 이를 통해 분홍색은 공격성을 낮춘다는 사실을 발견하게 되었으며 또 다른 실험 연구인 "153명의 젊은 남자의 체력에 컬러가 미치는 영향"에 관한 연구에서, 실험자 A는 파란색 판지를 보게 하고 실험자 B는 분홍색 판지를 바라보게 한 후 체력을 측정했는데 파란색 판지를 본 남성들보다 분홍색 판지를 본 남성들의 체력이 평균보다 낮게 나타났다는 연구 결과도 있다. 또 다른 예로 1980년대 미국 아이오와 주의 호크아이(Iowa, Hawkeye) 대학의 미식축구팀 코치는 원정팀의 탈의실, 변기, 세면대를 모두 분홍색으로 칠하였는데, 그 이유가 상대팀을 심리적으로 약화시키고 육체적인 힘이 빠지게 하는 심리적 전술이었다고 한다. 현재도 아이오와 대학 탈의실은 분홍색이다.

분홍은 우리 뇌를 자극하여 몸속에 노르에피네프린(Norepinephrine)을 분비하게 한다. 이 물질은 체내에서 공격적인 행동을 유발하는 호르몬을 억제시키고 심장박동과 혈압, 맥박을 낮추어 진정 효과를 나타낸다.

분홍색을 좋아하는 사람의 성격

- 상냥하고 온화하다.
- 공상적인 것을 좋아한다.
- 섬세하고 상처를 잘 받는다.
- 여성스럽고 지적 교양도가 높다.

보라(Violet)

오랜 시간 왕족과 귀족들에게 사용되었던 색이다. 상류층의 상징인 보라색은 엘리자베스 1세 여왕 당시 왕실의 직계존속 외엔 누구도 입지 못하게 하였다. 보라는 신비로움과 고귀함, 우아함을 나타내는 색이지만, 보라색을 지나치게 많이 사용하면 내향성이 강해지고 몽롱한 기운과 자칫 현실감각을 잃을 수 있다.

보라색은 파랑과 빨강이 혼합된 색으로 자극과 억제를 동시에 지닌다고 한다. 매우 들떠있는 사람들에게 보라색을 사용하면 심신을 가라앉혀 주고, 호흡이 편안하지 않은 사람에겐 평온함을 느낄 수 있게 한다. 불면증이 심할 경우 보라색 침구를 사용하면 색이 주는 진정 효과가 마음을 편안하게 해주어 도움이 된다. 현재 보라색은 여성성이 강한 색 이미지로 미용 관련 제품의 기업들이 많이 선호하는 색이다.

보라색을 좋아하는 사람의 성격

- 대인관계에 어려움이 있다.
- 내향적인 면과 외향적인 면을 겸비하고 있다.
- 남들과 다른 모습을 보여주고 싶어 하며 아티스트가 많다.

갈색(Brown)

자연과 대지를 상징하며 자연 친화적인 느낌을 주는 갈색은 흔히 볼 수 있는 흙이나 낙엽, 나무 등에서 찾아볼 수 있다. 중성적인 컬러로 강렬함은 없지만 오래 두고 봐도 편안하게 볼 수 있는 색이다. 튼튼한 나무처럼 안심과 안정적인 느낌을 받는다.

갈색은 인간의 수면과 면역성, 감정 등을 좌우하는 트립토판(Tryptophan, 20여 종의 필수 아미노산 중의 하나로 단백질의 트립신을 분해하면서 발견되었다) 아미노산의 산도를 증가시킨다고 한다. 반면 갈색을 선호하는 사람들은 우울함을 느끼거나 자라온 성장 과정에서 스스로 억제했던 경험이 많다고 볼 수 있다.

갈색을 좋아하는 사람의 성격

- 과묵하고 수줍음을 탄다.
- 책임감이 강하고 포용력이 있다.
- 여유 있고 정서적으로 안정적이다.

회색(Grey)

흰색과 검은색의 혼합색으로 긍정도 부정도 아닌 중립을 상징하는 색이며 보수적이고 조용한 느낌이 있다. 또한 무언가에 있어 불확실성을 내포한다. 회색은 우중충한 날씨를 떠올리게 하여 우울한 기분을 느끼게 하고 주변에 회색 컬러가 많으면 차갑고 삭막한 느낌과 함께 쉽게 피곤하고 에너지가 고갈된 기운을 느낀다. 현재 회색은 세련되고 도시적인 느낌을 주지만 원래 회색은 낡고 오래되어 색이 바랜 색으로 스님들의 장삼으로 사용되는 색이기도 하다. 그늘진 느낌과 슬픈 이미지의 색으로 화려함이 없어 오히려 다른 색을 돋보이게 하는 특징이 있다. 그래서 어떠한 색을 매치해도 조화롭고 세련된 느낌과 트렌디함을 줄 수 있다. 회색 이미지는 노년과 죽음의 임박을 의미하기도 한다.

2010년 맨체스터 대학 의학교수팀의 연구에서 사람들의 기분 상태를 파악하기 위한 척도로 색상 휠(Color Wheels)을 사용했는데 불안과 우울 점수가 높은 집단이 회색을 가장 선호했다고 한다. 즉 우울감이 강한 사람들에게서 가장 많이 나타나는 컬러가 회색이다. 또한 편식과 경계심과 외로움을 많이 느끼는 아동에게서 회색 선호가 가장 높게 나타났다.

회색을 좋아하는 사람의 성격

- 조심성이 많고 신중하다.
- 대인관계가 원만하지 못하다.
- 매사 쉽게 결정을 못 내리는 우유부단한 면이 있다.

검정(Black)

검은색은 모든 색 중에서 가장 엄숙하고 무게감이 느껴지는 색이다. 권위적이고 카리스마 느낌이 있어 위엄과 클래식함의 세련, 고급스러운, 신비로움과 섹시함 등의 분위기를 만들어낸다. 반면 검은색을 잘못 활용하면 위협적이거나 완고한 이미지를 줄 수 있으며 대비감이나 포인트 없이 전체적으로 검은색을 사용하면 어둡고 칙칙한 느낌을 주어 부정적인 이미지를 줄 수 있다. 공간적으로도 검은색은 숨이 막히는 느낌의 답답함과 압박감을 유발한다.

검은색을 좋아하는 사람의 성격

- 총명하며 리더십이 있다.
- 대인관계가 원만하지 못하다.
- 남의 눈을 의식하고 평가받고 싶어 하지 않는다.
- 자신의 속내를 드러내거나 들키는 것을 싫어한다.

하양(White)

순수함, 깨끗한 이미지를 지니고 숭고함, 정직, 결백 등의 긍정적인 색으로 종교적인 의미에서 흰색은 부활과 영생을 뜻한다. 신부의 웨딩드레스는 고귀하고 순결한 이미지를 상징하는 색상으로 현대 패션에서의 흰색은 모던함과 정갈함, 세련된 느낌을 준다. 흰색을 많이 사용하게 되면 공허함, 고독함, 지루함, 빈약함 등의 느낌을 주기도 하며 흰색의 과다함은 우울과 파괴적인 상태에 놓여 쉽게 좌절하게 할 수 있다. 흰색을 좋아하는 사람 중에는 완벽함을 추구하거나 자존심이 세고 개성이 강한 성향이 많다. 흰색의 공간이 주는 심리적 영향은 위생적이고 깨끗한 느낌을 주기도 하지만 어떤 컬러의 조화가 이루어지지 않은 전체적인 화이트로만 이루어진 공간은 텅빈 느낌이 차갑게 다가와 초조함과 불안감을 고조시킨다.

흰색을 좋아하는 사람의 성격

- 미의식이 높은 편이다.
- 노력파이며 완벽주의 성향이 있다.
- 자신과 다른 사람 모두에게 매우 엄격하다.

퍼스널 컬러로 나를 브랜딩하라

퍼스널 컬러 진단하기

Chapter 01

퍼스널 컬러 진단법

Section 01 퍼스널 컬러 컨설팅이란

퍼스널 컬러 컨설팅(Personal Color Consulting)이란 전문가가 고객을 상대로 신체 색과 조화로운 컬러를 찾아 각자의 개성을 참고하여 상세하게 상담하고 도와주는 것을 말한다.

현대인들은 자신의 개성과 이미지를 표현하기 위해 패션, 뷰티 등에서 수많은 컬러를 접하고 선택하여 소비한다. 그러나 시대의 유행만을 따르거나 충동적으로 선택하고 소비한 패션 컬러와 뷰티 컬러를 자신에게 적용했을 때 잘 어울리지 않는 경우가 많다. 이러면 비효율적인 소비로 이어진다. 낭비된 소비를 줄이고 나에게 잘 어울리는 색을 찾기 위해 많은 사람이 퍼스널 컬러 전문가를 찾아 도움을 받고 있다.

Section 02 퍼스널 컬러 컨설팅의 절차

퍼스널 컬러 컨설팅 전문 업체들의 퍼스널 컬러 진단 과정을 종합하여 정리하면 다음과 같다.

01 사전 설문지 작성하기

고객이 선호하는 컬러, 보이는 이미지, 원하는 이미지, 자주 적용하는 컬러, 뷰티 콤플렉스 등을 참고하여 컨설팅에 적용하기 위해 사전설문지를 작성하도록 한다.

02 피부톤 측색과 신체 색 파악하기

측색기나 비색표를 이용해 고객의 피부톤과 신체 색을 파악한다.

03 퍼스널 컬러 개념 설명하기

고객에게 퍼스널 컬러 유형과 원리를 설명한다.

04 컬러 진단 천 드레이핑 하기

고객의 얼굴 주변에 드레이프 천들을 올려 천의 컬러와 고객의 피부색이 만났을 때 얼굴에 나타나는 변화를 찾아 가장 잘 어울리는 색과 어울리지 않는 색을 구분하여 진단한다.

05 패션, 뷰티 어드바이스

컨설턴트가 진단된 베스트 컬러에 맞게 메이크업, 의상, 액세서리, 헤어 컬러 등을 고객에게 제안한다. 남성의 경우 안경, 정장, 셔츠, 넥타이 등의 남성 패션 컬러를 추가로 제안한다.

06 고객 소장 제품 체크와 활용법 어드바이스

컨설팅 당일 고객이 지닌 컬러 제품들을 베스트 타입으로 진단된 컬러와 비교하여 체크하고 고객에게 활용법을 제안한다.

07 진단 결과 제공하기

고객에게 컨설팅을 통해 진단된 퍼스널 컬러에 대한 내용을 컨설턴트가 수기로 작성하여 진단지를 제공하거나 준비한 컬러 카드 또는 관련 자료와 파일들을 전송한다.

퍼스널 컬러 컨설팅 진단 교구

터번

어울리는 헤어 컬러를 찾기 위해 흰색의 터번으로 모발색을 가리고 진행한다. 고객이 현 모발 색을 계속 유지하면서 어울리는 컬러를 찾고 싶다면 가리지 않고 진행해도 좋다.

어깨보 또는 흰색의 무지 티셔츠

고객이 색이 있거나 무늬가 있는 옷을 입고 왔다면 흰색의 어깨보로 상반신을 전부 가리고 진행한다. 흰색의 무지 티셔츠를 입었다면 가리지 않아도 좋다.

거울

상반신이 다 보일 정도의 큰 거울을 컬러 진단에 사용한다.

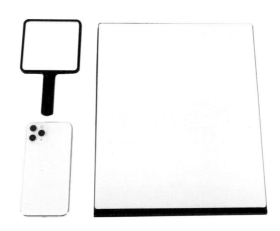

비색표와 측색기

측색기 또는 비색표를 이용해 고객의 피부톤과 신체 색을 파악한다.

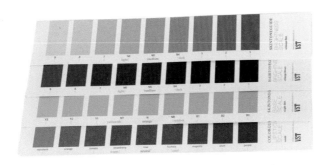

퍼스널 컬러 진단 교구

컬러 진단 천(드레이프, Drape), 컬러 진단 종이 등의 컬러 진단 교구를 고객의 얼굴 밑에 하나씩 올려보며 고객의 변화하는 얼굴색을 파악하여 가장 잘 어울리는 컬러와 그렇지 못한 컬러를 찾아낸다.

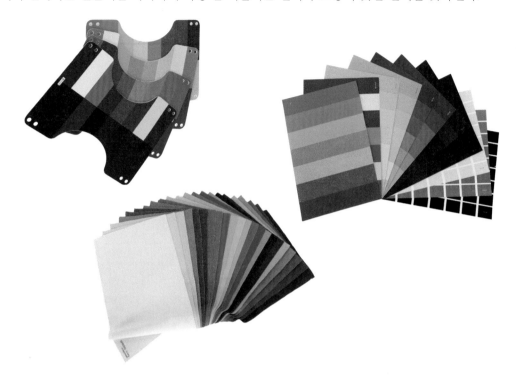

퍼스널 컬러 활용 교구

립, 섀도우 등의 색조 화장품, 헤어 컬러, 네일 컬러, 컬러 넥타이, 컬러 안경 등 퍼스널 컬러를 적용할 수 있는 것들을 컬러 교구를 통해 고객에게 보여주며 활용법을 제시한다.

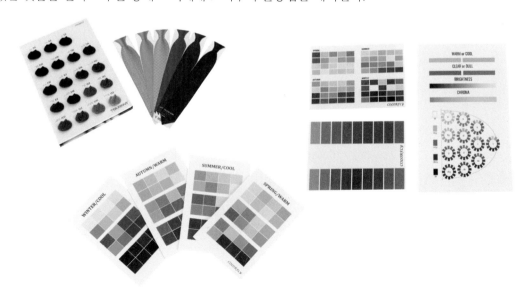

Chapter 02

퍼스널 컬러 셀프 진단법

Section 01 퍼스널 컬러 진단은 어떻게 하는 걸까?

퍼스널 컬러 진단이란 자신이 가지고 있는 신체 색과 조화를 이루고 생기가 돌게 하며 활기차 보이도록 하는 개인의 컬러를 찾는 것이다. 신체 색과 조화롭지 않은 컬러를 사용하는 경우 피부의 투명감이 사라지고 거칠어 보이며 결점만 드러나 보일 수 있다. 그렇기 때문에 자신의 컬러를 찾는 것은 매우 중요하다. 그래서 퍼스널 컬러에 관심이 있는 누구나 스스로 진단해 볼 수 있는 방법을 제시하고자 한다.

01 퍼스널 컬러 진단 교구

진단 키트

진단 키트를 준비한다. 교구의 색이 변하지 않도록 잘 관리한다.

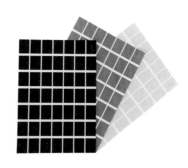

거울

최대한 큰 거울로 진단하는 것이 좋다. 전신거울 또는 상반신이 모두 비칠 수 있을 정도의 크기인 거울을 사용하도록 한다.

잠깐만요 | 작은 손거울이 아닌 상반신이 모두 보일 수 있는 큰 탁상용 거울을 사용한다.

흰 어깨보

고채도의 강하고 화려한 색의 옷을 모델 또는 진단자가 입고 있다면 컬러 진단에 방해가 될 수 있다. 무늬가 없는 무채색의 옷을 입고 진단하는 것이 좋다. 모델이 색 또는 패턴이 많이 들어간 옷을 입었다면 흰 어깨보로 상의를 가리고 컬러 진단을 진행하도록 한다.

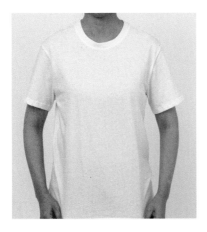

흰 티셔츠를 입은 예시

흰 천으로 상반신을 가린 예시

헤어 터번

모델이 퍼스널 컬러 진단 결과에 맞게 염색을 원한다면 흰색의 헤어 터번으로 모발을 전체 감싼 후 진행한다. 반면에 현재의 모발색을 계속 유지하고자 한다면 모발을 가리지 않고 깔끔하게 묶은 후 진행해도 좋다. 앞머리가 있는 경우 이마 쪽의 컬러 변화가 잘 보이지 않을 수 있어 이마가 잘 보이도록 앞머리를 넘겨 고정해 주는 것도 좋다.

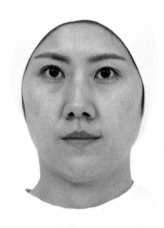

흰색의 터번으로 헤어를 감싼 모습

02 진단환경

빛

퍼스널 컬러 진단 환경에서 제일 중요한 요소는 빛이다. 빛이 너무 강하게 들어오는 상태라면 얼굴 전체가 빛으로 하얗게 변하여 컬러의 변화를 느낄 수 없으며 빛이 너무 없는 상태이면 얼굴 전체가 어둡게 변하여 비교하는 색들을 모두 정확히 확인할 수 없다. 자연광이 적당히 들어오는 곳이 좋으나 햇빛이 너무 강하게 들어오면 흰색의 블라인드로 빛의 양을 조정하도록 한다. 조정이 어렵다면 햇빛을 차단하고 자연광과 흡사한 조도를 맞춘 빛의 환경을 만들어주는 것도 좋다. 또한 빛이 모델의 한 부분만을 과도하게 비추면 그림자가 반대편에 발생할 수 있어 빛을 조정하여 얼굴 전체에 균일하게 들어올 수 있는 상태로 만들어 주는 것이 좋다.

과한 조명(X)

어두운 조명(X)

적당한 조명(O)

푸른색 조명(X)

노란색 조명(X)

적당한 조명(O)

한쪽으로 치우친 조명(X)

공간

거울에 비친 모델의 모습을 확인할 때 주변에 있는 진단에 방해가 될 수 있는 색이 들어간 요소들을 최대한 제거하도록 한다. 모델과 거울과의 거리가 너무 가까우면 얼굴의 전체적인 변화를 확인하기가 어렵기 때문에 상반신이 보일 정도의 위치에 배치하고 거울과의 거리를 두고 앉는 것이 좋다. 진단 공간 주변은 진단 교구 외에 다른 색이 없도록 깔끔하게 유지한 후 상반신이 보이도록 거울과의 거리를 두고 앉아 진단한다.

준비사항

자신이 가지고 있는 본래의 색과 맞는 퍼스널 컬러 타입을 찾고 싶다면 액세서리, 컬러 렌즈 등 색이 있는 모든 요소를 제거한 민낯의 상태로 진단하는 것이 좋다. 반면 평소 자주 사용하였거나 선호하는 메이크업에 맞는 퍼스널 컬러 타입을 찾고 싶다면 메이크업을 한 상태에서 진단해도 좋다. 안경테 색 또는 컬러 렌즈를 본인의 퍼스널 컬러에 맞춰 바꾸기를 원한다면 안경을 벗고 투명 렌즈를 착용하도록 한다. 그러나 컬러 렌즈나 안경테의 변경을 원하지 않는다면 안경 또는 컬러 렌즈를 착용한 채로 진단해도 좋다.

컬러 진단을 위한 모델의 준비사항을 지킨 예시

유의 사항

퍼스널 컬러 진단은 진단 교구를 얼굴 턱밑에 한 장씩 비교하는 방식으로 진행된다. 이렇게 진행할 때 몇 가지 유의 사항이 있다.

① 진단 시 방해 요소 제거하기

진단에 방해될 요소들을 모두 제거한다. 얼굴 턱밑에 올리는 진단 교구 외에는 다른 컬러 또는 무늬가 있는 물건들이 보이지 않도록 한다.

진단 공간에 방해되는 요소가 없는 예시(O)　　　　진단 공간에 방해되는 요소가 많은 예시(X)

② 진단 교구 사용하기

교구를 얼굴의 턱선 밑으로 하고 교구가 삐뚤어지지 않도록 한다. 턱선 라인과 거리를 지나치게 떨어뜨려 진단하지 않도록 한다. 색에 따른 얼굴 변화를 잘 파악할 수 있도록 최대한 얼굴 라인에 근접하여 진행한다.

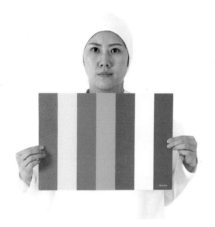
진단 종이를 턱 밑에 둔 예시(O)

진단 종이가 많이 떨어져 있는 예시(X)

진단 종이를 잘 들고 있는 예시(O)

진단 종이를 비스듬하게 든 예시(X)

③ 객관적 관찰하기

본인의 얼굴을 직접 진단할 시 본인의 취향이 반영되지 않도록 최대한 타인을 관찰하듯 객관적으로 보는 것이 중요하다. 평소 사용하거나 정반대의 색이 퍼스널 컬러로 나타날 수 있다. 색과 얼굴의 조화를 관찰하는 것으로 취향은 배제하고 진행하는 것이 좋다.

④ 모니터링하기

본인의 얼굴을 객관적으로 진단하기 어렵다면 주변 사람들이 함께 조언해 주는 것이 좋다.

03 진단법

퍼스널 컬러 유형 진단법

진단 시 어떤 부분을 체크하면서 퍼스널 컬러 타입을 찾아야 하는지 어려울 수 있다. 진단 시 주의 깊게 관찰해야 할 부분들에 대해 알아보자.

① 본인의 얼굴 상태를 먼저 확인한다.

진단 교구를 얼굴 주위에 대어보지 않은 얼굴의 상태를 잘 기억해두고 진단 교구를 올렸을 때의 얼굴 상태와 비교하여 어떻게 달라지는지 확인한다.

② 전체적으로 넓게 보도록 한다.

얼굴의 특정 부분만 보지 않도록 주의한다. 컬러 교구를 얼굴 주위에 올렸을 때 피부톤이 전체적으로 균일한지 파악한다. 밝은 컬러를 얼굴 턱밑에 대어보았을 때 볼이 밝아졌다고 잘 어울리는 것은 아니다. 볼이 아닌 다른 부분들 코, 눈 주변, 턱 주변 등의 색이 어두워져 볼 색만 상대적으로 밝아 보이는 것일 수 있다. 전체적인 변화가 눈에 잘 들어오지 않는다면 눈 밑, 인중, 턱, 수염 자국, 트러블 등을 중점적으로 비교해 주는 것이 좋다.

③ 얼굴과 색의 조화를 체크한다.

얼굴과 색의 균형이 잘 맞는지 확인한다. 얼굴과 색이 조화롭지 않으면 합성한 것처럼 느껴지면서 얼굴과 색이 분리되어 보인다. 또한 잘 어울리는 색은 얼굴과 색이 함께 눈에 들어온다. 그렇지 않은 색은 색에 먼저 시선이 가거나 얼굴에 먼저 시선이 가게 된다. 진단 교구를 얼굴 턱선 아래에 대어 보고 색과 얼굴이 일직선상에 나란히 있어 보인다면 잘 어울리는 색이지만 진단 교구의 색만 돌출되어 보이거나 얼굴만 돌출되어 보이면 잘 어울리지 않는 색이다.

조화로운 색을 올린 예시(O)   조화롭지 못한 색을 올린 예시(X)

어울리는 색은 어떻게 느껴질까?

• 피부색이 균일하고 맑아 보인다.

• 얼굴에 혈색이 돌고 생기가 있어 보인다.

• 색은 배경처럼 내 얼굴을 주인공처럼 돋보이게 한다.

• 얼굴과 색이 조화로워 보이며 편안한 느낌을 받을 수 있다.

안 어울리는 색은 어떻게 느껴질까?

• 피부가 푸석하거나 탄력이 없어 보인다.

• 얼굴이 누렇게 떠 보이거나 더워 보인다.

• 얼굴과 색이 분리되어 조화롭게 보이지 않는다.

• 기미, 잡티, 다크서클, 수염 자국 등의 결점이 잘 부각된다.

• 피부색이 균일하지 않고 울긋불긋해지거나 얼룩덜룩해져 정돈되지 않아 보인다.

• 얼굴에 핏기 없이 창백해 보인다.

(얼굴이 밝아지는 것도 건강한 혈색으로 밝아 보이는 것과 잿빛으로 허옇게 뜨면서 창백하게 보이는 것을 잘 구별해야 한다)

베스트 유형을 올린 예시(O)   워스트 유형을 올린 예시(X))

04 퍼스널 컬러 8타입 진단 방법

- 퍼스널 컬러 유형 찾기는 토너먼트 형식으로 준비한다. 먼저, 주어진 표와 같이 라이트, 브라이트, 뮤트, 다크 타입으로 두 개씩 묶어 첫 번째 라운드를 진행한다.
- 비교 후 어울리는 타입을 한 타입씩 선택하여 채택된 총 네 가지 타입을 결정한다.
- 다시 두 개씩 묶어 두 번째 라운드를 진행한다.
- 마지막에 올라온 두 개의 타입을 서로 비교하여 나에게 가장 잘 어울리는 타입을 나의 퍼스널 컬러 유형으로 결정한다.

대비감 유형 진단법

대비감 진단 교구를 통해 나에게 잘 받는 대비감의 정도를 확인한다. 진단 시 어떤 부분을 체크하면서 나에게 잘 받는 대비감의 정도를 알 수 있는지 어려울 수 있다. 진단 시 주의 깊게 관찰해야 할 부분을 알아보자.

- 나에게 알맞은 대비감의 정도를 확인하고 이에 맞게 퍼스널 컬러를 활용하도록 한다.
- 잘 맞는 대비감의 강도를 확인하고 퍼스널 컬러를 활용하려면 Part 04의 퍼스널 컬러 활용하기를 참고한다.

① 대비감 강-중-약 순으로 패턴 교구를 올려본다.

진단 교구 사용 전 얼굴의 상태를 잘 기억해두고 진단 교구를 올렸을 때의 얼굴 상태와 비교하여 어떻게 달라지는지 확인한다.

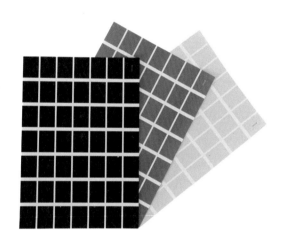

대비감 진단 교구

② 전체적으로 넓게 보아야 한다.

패턴(대비감 교구) 또는 얼굴의 특정 부분만 집중해서 관찰하지 않도록 한다. 패턴을 올렸을 때 모델의 얼굴과 함께 패턴이 안정적으로 눈에 잘 들어오는지 확인이 필요하다.

③ 얼굴과 패턴의 조화를 체크한다.

얼굴과 패턴의 균형이 잘 보이는지 확인한다. 얼굴과 패턴(대비감의 정도)이 조화롭지 않으면 합성한 것처럼 느껴지면서 얼굴과 패턴이 분리되어 보인다. 또한 잘 어울리는 패턴(대비감의 정도)은 얼굴과 패턴이 함께 눈에 들어오며 그렇지 않은 패턴은 시선이 먼저 가거나 얼굴에 먼저 시선이 가게 된다.

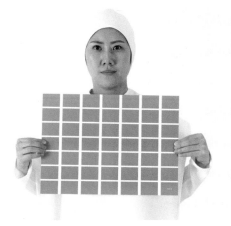

조화로운 패턴을 들은 예시(O)   조화롭지 않은 패턴을 들은 예시(X)

얼굴과 패턴이 조화롭게 눈에 들어오며   **얼굴과 패턴이 조화롭게 눈에 들어오지 못해**
눈동자와 이목구비가 더 또렷해진다.   **인상과 이목구비가 흐릿해진다.**

어울리는 패턴의 강도(대비감의 정도)는 어떻게 느껴질까?

• 눈동자나 눈썹 등 이목구비가 또렷해 보인다.

• 패턴이 내 얼굴을 주인공처럼 돋보이도록 해 준다.

안 어울리는 패턴의 강도(대비감의 정도)는 어떻게 느껴질까?

• 이목구비가 흐려지며 얼굴에 힘이 빠져 보인다.

▶ 이 경우 보다 강한 대비감의 패턴이 알맞을 확률이 높다.

• 얼굴과 패턴이 분리되어 조화롭지 않게 느껴진다.

• 패턴만 너무 강조되어 보이고 이목구비가 눈에 들어오지 않는다.

▶ 이 경우 보다 약한 대비감의 패턴이 알맞을 확률이 높다.

나에게 맞는 대비감 교구를 들은 예시(O)

얼굴과 패턴이 조화롭게 눈에 들어온다.
눈동자와 이목구비가 더 또렷해진다.

나에게 맞지 않은 대비감 교구를 들은 예시(X)

얼굴과 패턴이 조화롭게 눈에 들어오지 못해 인상이 흐릿해진다.

퍼스널 컬러로 나를 브랜딩하라

04

PART

퍼스널 컬러 활용하기

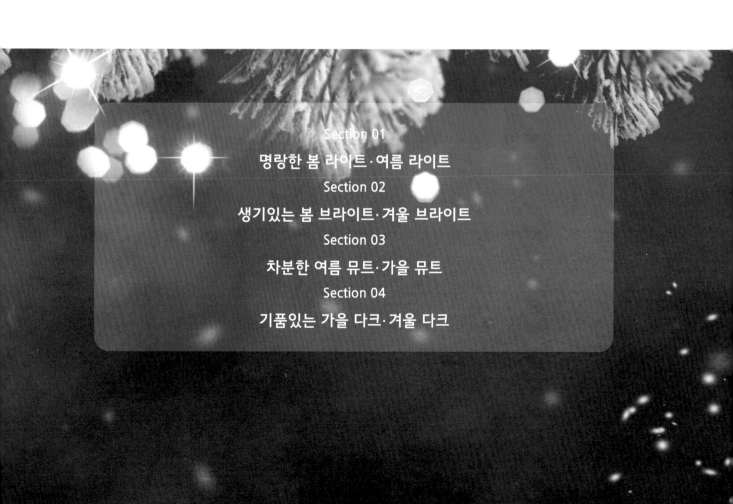

Chapter 01

명랑한 봄 라이트·여름 라이트

Section 01 **봄 라이트·여름 라이트**

라이트 톤(Light tone)은 고명도, 저채도, 청색의 컬러로 구성된 그룹으로 맑으면서도 밝은 컬러로 구성되어 있다. 라이트 톤의 컬러 이미지는 여리고 가볍고 부드럽고 담백하다. 신선한 이미지를 줄 수 있어 캐주얼 이미지 배색이나 프리티, 로맨틱 이미지 배색에 어울린다. 웜의 컬러는 봄 유형, 쿨의 컬러는 여름 유형으로 속하게 된다.

컬러 이미지 : #연한 #밝은 #맑은 #화사한

잠깐만요 | 라이트 톤은 명도(밝고 어두운 정도)의 영향을 많이 받는 중요한 유형으로, 이들 중 특히 명도의 영향을 많이 타는 유형이라면 밝은색의 팔레트를 가진 봄 라이트와 여름 라이트를 함께 호환하여 사용할 수 있는 경우가 많다. 반면에 명도의 영향이 아닌 웜쿨(따뜻하고 차가운 정도)의 영향이 중요한 유형이라면 봄 라이트는 웜의 계절인 봄과 가을 안에서의 타입을, 여름 라이트는 쿨의 계절인 여름과 겨울 안에서의 타입 중에 호환이 가능한 다른 타입이 있는지 확인해 보는 것도 좋다.

01 헤어 컬러(Hair Color)

헤어 컬러 팔레트

　헤어 컬러는 대체적으로 노란빛의 밝고 화사한 컬러가 좋다. 이 유형에서 대비감이 잘 받지 않는 타입이라면 피부색의 밝기와 비슷하게 부드러우면서도 밝은 컬러가 좋을 수 있다. 대비감이 잘 받는 타입인데 밝은 헤어 컬러를 원하는 경우에는 얼굴보다 더 밝게 만들고, 헤어 컬러에 반사 빛을 강하게 넣은 웜 브라운, 골드 브라운으로 하거나 얼굴보다 어둡고 선명한 헤어 컬러인 초코 브라운, 다크 브라운으로 하여 대비감을 살리는 것도 좋다. 블루 베이스인 블루, 퍼플 계열의 컬러는 얼굴을 창백하게 만들 수 있어 피해야 한다.

패션 컬러 팔레트

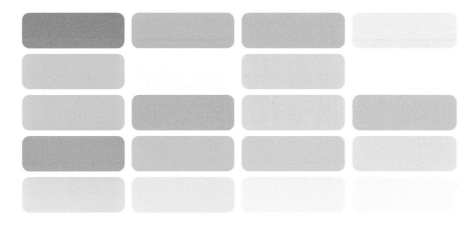

패션 컬러는 고명도의 따뜻한 색이 잘 어울린다. 봄 유형 컬러 중 옅고 밝은 컬러들을 잘 소화한다. 이 중 명도를 많이 타는 타입이라면 쿨톤의 여름 라이트의 패션 컬러와 공유가 가능하다. 이러한 봄 라이트 는 짙고 어두운 저명도의 컬러가 많은 겨울 다크의 컬러들을 사용하면 답답하게 느껴질 수 있어 주의하 는 것이 좋다.

얼굴선에서 떨어져 매치하는 패션 컬러는 얼굴색에 미치는 영향이 적기 때문에 착장 중 얼굴선에 가장 가까이 위치한 액세서리나 상의 컬러를 봄 라이트 패션 컬러로 매치하는 것이 좋다. 착장 중 대비감이 잘 받는 타입과 대비감이 잘 받지 않은 타입으로 나누어 스타일링을 할 수 있다.

> **잠깐만요**
>
> 퍼스널 컬러는 얼굴선 주변에서 매치하였을 때 긍정적인 영향을 얻을 수 있다. 얼굴 주변 외의 컬러는 피 부에 큰 영향을 주지 못하기에 진단할 때 얼굴과 가까운 위치에 컬러 교구를 대보며 진단한다. 얼굴 주변 의 컬러만이라도 퍼스널 컬러로 잘 선택하여 사용한다면 피부색을 안정적으로 지킬 수 있다.

① 착장 중 대비감이 잘 받는 타입

착장 중 얼굴선 주변의 컬러를 봄 라이트 패션 컬러 중에서 선택하여 매치한다. 이후 얼굴 주변 외에 코디하는 컬러는 먼저 매치한 컬러와 분리될 수 있도록 악센트나 세퍼레이션 배색을 하는 것이 좋다. 패 션 무늬나 포인트가 들어간 착장도 좋다.

- 악센트 배색: 단조로운 배색에 대조(반대) 색상을 넣어 악센트를 주는 배색이다.
- 세퍼레이션 배색: 단조로운 배색에 무채색을 넣어 분리 효과를 주는 배색이다.

② 착장 중 대비감이 잘 받지 않는 타입

착장 중 얼굴선 주변의 컬러를 여름 라이트 패션 컬러 중에서 선택하여 매치한다. 이후 얼굴 주변 외에 코디하는 컬러는 먼저 매치한 컬러와 부드럽게 연결될 수 있도록 톤온톤 혹은 톤인톤 배색을 하는 것이 좋다. 무늬나 포인트가 과하지 않은 착장이 좋다.

- 톤온톤 배색: 동일 색상으로 매치하되 톤이 다른 배색이다.
- 톤인톤 배색: 색상은 다르게 매치하되 톤이 동일한 배색이다.

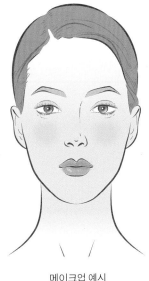

메이크업 예시

메이크업 실습

제품	컬러	컬러 팔레트
치크	라이트 핑크 체리 블로썸 오렌지 코랄 핑크	
립스틱	스트로베리 오렌지 코랄 핑크	
아이 섀도우	오렌지 코랄핑크 피치 베이지	

잠깐만요

- 라이트 핑크(light pink): 연한 분홍
- 체리 블로썸(cherry blossom): 흰 분홍
- 코랄 핑크(coral pink): 산호빛의 분홍
- 스트로베리(strawberry): 선명한 분홍
- 피치(peach): 옅은 노란 분홍
- 베이지(beige): 흐린 노랑

메이크업으로 사용되는 제품의 색상은 피부색에 얹어 발색 되었을 때 개인의 피부의 결점, 색상, 밝기, 제품의 제형에 따라 원래 색과는 다른 색상으로 변해서 피부색에 올라오는 일도 있다. 따라서 색조화장품은 여기서 제시된 팔레트 색과 같은 제품을 무조건 구매하는 것보다는 피부색에 제품을 사용했을 때 피부에 올라오는 색을 확인해야 하며, 여기서 제시된 메이크업 팔레트 색상을 참고하여 선택하는 것이 좋다.

04 쥬얼리

봄 라이트 타입은 반짝반짝 빛나는 14K, 18K 골드의 액세서리가 가장 베스트이다. 또한 투명한 토파즈의 핑크 컬러나 레이스 소재 등 다양한 파스텔 계열이 포인트로 들어간 것을 착용하면 밝고 귀여운 사랑스런 이미지와 매치가 잘 된다.

쥬얼리의 크기는 아기자기하고 심플한게 잘 어울리고, 차가운 느낌의 실버 쥬얼리를 착용할 때는 전체 실버로 된 쥬얼리보다 광이 나는 실버와 골드가 믹스된 디자인의 쥬얼리를 착용하거나 레이어드하는 것이 좋다. 반면 채도가 높은 원색 컬러 또는 어두운 저명도의 컬러의 보석이나 무광 또는 가죽 소재의 액세서리는 피하는 것이 좋다.

얼굴, 목, 손의 색상 차이가 많이 나는 경우는 액세서리 색을 꼭 따뜻한 색상으로 사용하지 않아도 된다. 액세서리를 착용할 부위에 액세서리 컬러를 직접 대보고 컬러를 선택하는 것이 더 좋다. 디자인도 착장의 분위기에 맞추어 선택하는 것이 좋다.

향수는 스타일의 완성이라고 할 수 있는데 향기에 따라 이미지를 더욱 매력적이고 인상적인 결정 요소로 각인시킬 수 있다. 따뜻한 봄 햇살과 벚꽃이 연상되는 봄 라이트 타입에 어울리는 향은 은은하면서 달콤한 향수이다. 향수의 첫인상인 톱 노트는 체리 블라썸, 애플, 복숭아 등 달달한 과일향의 프루티(Fruity) 향, 향의 중간 단계인 미들 노트에 쟈스민, 장미, 프리지아, 라일락 등의 매혹적인 꽃만을 한가득 담아낸 라이트 플로랄 계열, 마지막 잔향인 베이스 노트에는 머스크와 바닐라 향이 은은하게 퍼지는 달콤한 향이 밝고 소프트한 봄 라이트 타입의 이미지에 잘 어울린다.

제품		노트	특징
	T	체리, 프리지아	**록시땅_체리블라썸 오 드 뚜왈렛**
	M	체리 블라썸	4월의 봄의 향기를 분홍 벚꽃 나무의 설레임을 묘사한 록시땅의 대표 향수
	B	브라질리안 로즈 우드, 엠버, 머스크	
	T	베르가못 에센스	**미스 디올_블루밍 부케 오 드 뚜왈렛**
	M	다마스크 로즈 에센스 & 피오니	유쾌하면서도 매력적인 미스 디올의 봄의 기운이 느껴지는 시그니처 플로럴 향수
	B	화이트 머스크	
	T	핑크 레이디 애플	**랑방_모던 프린세스 EDP**
	M	쟈스민, 프리지아	새빨간 사과향으로 상큼 대담 반전의 여성미를 지닌 매력
	B	바닐라 오키드, 머스크	

※ T=(Top Note, 톱 노트), M=(Middle Note, 미들 노트), B=(Base Note, 베이스 노트)

향 노트란?

향에 대한 느낌을 말하는 것으로, 발향 순서에 따라 톱 노트(상향), 미들 노트(중향), 베이스 노트(하향)로 나뉜다. 여러 종류의 향을 배합할 때 각각의 느낌을 조화롭게 하기 위한 것으로. 에센셜 오일을 한 가지만 사용하는 것보다는 오일을 파악하여 두세 종류의 오일을 배합하여 향을 사용하는 것이 좋다.

- 톱 노트(Top Note): 향을 맡았을 때 최초로 감지되는 향으로 휘발성이 강한 특징을 가지며 향수를 뿌린 직후부터 알코올이 날아간 10분 전후 첫 번째 향을 말한다. 톱 노트에 속하는 오일은 베르가못, 페티그렌, 레놀리, 레몬, 라임, 오렌지 등의 감귤계 오일과 레몬그래스, 페퍼민트, 타임, 시나몬, 클로브 등이 있다.
- 미들 노트(Middle Note): 톱 노트 보다 휘발 속도가 느리며 톱 노트와 베이스 노트의 중간 단계로 중향이라고도 한다. 발향 시간은 30분~1시간 후의 향으로 미들 노트에 속하는 오일은 로즈우드, 제라늄, 라벤더, 카모마일, 마조람 등이 있다.
- 베이스 노트(Base Note): 휘발 속도가 가장 느리고 무거운 향으로 발향 시간은 2~3시간 후의 향으로 잔향이 오래가며 향이 강해 전체 오일량의 5% 미만으로 사용한다. 베이스 노트에 속하는 오일은 시스터스, 클라리세이지, 패출리, 몰약, 프랑킨센스, 시더우드, 베티버 등이 있다.

톱 노트
Top Note

지속시간
30분

향수의 첫인상
10분 전후의 향
상큼한 시트러스 계열

미들 노트
Middle Note

지속시간
4~8시간

향수의 구성요소들의 배합
향수의 주제와 성격이 강하게 표현

베이스 노트
Base Note

지속시간
4~24시간

향의 기본 성격, 품질, 향의 지속성
동물성 향료, 우디 계열

향수의 종류

- 파르펭(Parfum): 완성도가 높고, 농도가 가장 진하고 풍부한 향
- 오 드 파르펭(Eau de Parfum, E.D.P): 아름다운 향기로 조향, 가장 많이 사용하는 타입
- 오 드 뚜왈렛(Eau de Toilette, E.D.T): 향은 약하지만, 신선하고 상큼해서 전신에 뿌리기 좋음
- 오 드 콜론(Eau de Cologne, E.D.C): 잔향이 짧음, 신선하고 상쾌하고 상큼한 향
- 샤워 콜론(Shower Cologne): 향 원액의 함량이 적음, 향이 은은하여 산뜻하고 액취 제거 효과

01 헤어 컬러(Hair Color)

헤어 컬러 팔레트

헤어 컬러는 과한 컬러보다는 본인이 가지고 있는 자연스러운 컬러가 잘 어울리는 편이다. 따뜻함이 없는 블랙 계열의 컬러도 좋지만, 보다 자연스럽게 느껴질 수 있는 내츄럴 블랙, 내츄럴 브라운, 초코 브라운의 컬러도 좋다. 이 유형에서도 대비감이 잘 받지 않는 타입이라면 피부색의 밝기와 비슷하게 하여 애쉬 브라운, 애쉬 핑크, 로즈 브라운 등의 부드러운 헤어 컬러를 추천한다. 대비감이 잘 받는 타입이라면 밝은 헤어 컬러를 할 때 어두운 컬러로 전체를 염색하고 밝은 컬러로 투톤이나 브릿지 등으로 포인트를 주는 디자인이 좋다. 옐로우 베이스인 오렌지, 골드 계열의 염색은 얼굴을 누렇고 답답하게 만들 수 있어 피하는 것이 좋다.

패션 컬러 팔레트

패션 컬러는 고명도의 차가운 컬러가 잘 어울린다. 여름 유형 컬러 중 깨끗하고 맑은 컬러들을 잘 소화한다. 이 중 명도를 많이 타는 타입이라면 웜톤인 봄 라이트의 패션 컬러와 공유가 가능하다. 여름 라이트는 특히 가을 유형의 어두운 컬러들을 사용하면 나이가 들어 보이거나 노랗게 뜰 수 있으니 주의하는 것이 좋다.

얼굴선에서 떨어져 매치하는 패션 컬러는 얼굴색에 미치는 영향이 적기에 착장 중 얼굴선에 가장 가까이 위치한 액세서리나 상의 컬러를 봄 라이트 패션 컬러로 매치하는 것이 좋다. 착장 중 대비감이 잘 받는 타입과 대비감이 잘 받지 않은 타입으로 나누어 추천 스타일링을 설명할 수 있다.

① 착장 중 대비감이 잘 받는 타입

착장 중 얼굴선 주변의 컬러를 여름 라이트 패션 컬러 중에서 선택하여 매치한다. 이후 얼굴 주변 외에 코디하는 컬러는 먼저 매치한 컬러와 분리될 수 있도록 악센트나 세퍼레이션 배색을 하는 것이 좋다. 패션 무늬나 포인트가 들어간 착장도 좋다.

- 악센트 배색: 단조로운 배색에 대조(반대) 색상을 넣어 악센트를 주는 배색이다.
- 세퍼레이션 배색: 단조로운 배색에 무채색을 넣어 분리 효과를 주는 배색이다.

② 착장 중 대비감이 잘 받지 않는 타입

착장 중 얼굴선 주변의 컬러를 여름 라이트 패션 컬러 중에서 선택하여 매치한다. 이후 얼굴 주변 외에 코디하는 컬러는 먼저 컬러와 부드럽게 연결될 수 있도록 톤온톤, 톤인톤 배색을 하는 것이 좋다. 무늬나 포인트가 과하게 들어가지 않은 착장이 좋다.

- **톤온톤 배색:** 동일 색상에서 두 가지 톤의 명도 차를 크게 둔 배색이다.
- **톤인톤 배색:** 색상은 다르지만 톤의 느낌은 일정하게 하는 배색이다.

메이크업 예시

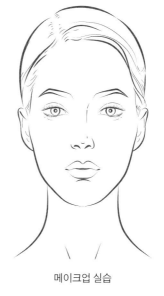

메이크업 실습

제품	컬러	컬러 팔레트
치크	라이트 핑크 라벤더 라일락	
립스틱	로즈 핑크 스트로베리 아잘레라	
아이 섀도우	크림 라일락 라벤더 라이트 핑크 코코아	

잠깐만요

- 라벤더(lavender): 흐린 보라
- 로즈 핑크(rose pink): 흐린 분홍
- 크림(cream): 흐린 노랑

- 라일락(lilac): 연한 보라
- 아잘레아(azalea): 밝은 자주
- 코코아(cocoa): 흐린 갈색

메이크업으로 사용되는 제품의 색상은 피부색에 얹어 발색 되었을 때 개인의 피부의 결점, 색상, 밝기, 제품의 제형에 따라 원래 색과는 다른 색상으로 변해서 피부색에 올라오는 일도 있다. 따라서 색조화장품은 여기서 제시된 팔레트 색과 같은 제품을 무조건 구매하는 것보다는 피부색에 제품을 사용했을 때 피부에 올라오는 색을 확인해야 하며, 여기서 제시된 메이크업 팔레트 색상을 참고하여 선택하는 것이 좋다.

04 쥬얼리

여름 라이트 타입은 수수하고 청초하고 깨끗한 이미지처럼 실버, 백금, 진주, 크리스탈, 다이아몬드, 시원한 쿨 컬러의 토파즈와 자수정, 진주가 베스트이다. 명도의 영향을 받는 타입인 만큼 진주는 흑진주보다 아이보리나 밝은 파스텔 계열의 진주를 선택하는 것이 좋다. 광은 유광 또는 반광의 느낌을 잘 받는 타입이다. 무거운 가죽 소재, 우드 소재, 어둡고 탁한 컬러의 보석류는 시원하고 청량감 있는 여름 라이트 타입에게는 좋지 않다. 또한 24K 골드 액세서리는 하얀 피부를 누렇게 떠보이는 현상으로 어울리지 않는 쥬얼리지만, 골드 쥬얼리를 선호하고 착용하고 싶다면 분홍색 계열의 로즈 골드를 선택하는 것이 좋으며 로즈 골드 쥬얼리 착용시 실버와 믹스된 디자인을 착용하는 것을 추천한다.

얼굴, 목, 손의 색상 차이가 많이 나는 경우 액세서리 색을 꼭 차가운 색상으로 사용하지 않아도 된다. 이 경우 액세서리를 착용할 부위에 액세서리 컬러를 직접 대어보고 컬러를 선택하는 것이 더 좋다. 디자인도 착장의 분위기에 맞추어 선택해도 좋다.

　여름 라이트 타입은 무겁고 강렬한 향 보다 시원한 아쿠아 계열과 풀이나 나뭇잎을 비빌 때 느껴지는 자연 풀밭을 연상시키는 신선한 향이 특징인 그린 계열, 비누향에서 힌트를 얻은 푸제르 계열, 베르가못이나 장미, 쟈스민, 머스크, 앰버 등이 조화를 이룬 시프레 계열과 라이트 플로럴 계열, 잔향으로 파우더리한 향의 계열이 여름 라이트 특유의 청량감과 투명하고 밝은 이미지와 잘 어울린다.

제품		노트	특징
	T	그린노트, 베르가못, 네롤리	**샤넬_NO.19**
	M	장미, 붓꽃, 은방울꽃, 일랑일랑, 수선화	후로랄-우디-그린, 화이트와 그린의 후로랄 노트의 조화를 이룬 향으로 첫 향은 톱 노트의 그린 노트와 베르가못이 이슬 맺힌 풀냄새를, 미들 노트의 플로럴 계열이 쾌활함과 세련됨의 독특한 조화를 이뤄 생기있고 활기찬 개성을 표현할 수 있는 향
	B	오크모스, 베티버, 샌달우드	
	T	민트	**조말론_화이트 자스민 앤 민트 코롱**
	M	에어룸 자스민	라이트 플로럴이라는 말이 정말 잘 어울리는 향이며, 바로 딴 야생 민트와 자스민, 백합, 오렌지 꽃과 장미로 만들어진 부케의 향이 어우러진 향
	B	마테 잎	
	T	오렌지, 엘레미	**아쿠아 디 파르마 _시프레소 디 토스카나**
	M	라반딘, 클라리 세이지	숲의 향기를 느낄수 있는 우디 향기 프레시함의 시원함과 은은한 향이 매우 조화로운 중성적인 향
	B	퍼발삼, 시프레스, 솔잎	

※ T=(Top Note, 톱 노트), M=(Middle Note, 미들 노트), B=(Base Note, 베이스 노트)

Chapter 02

생기있는 봄 브라이트·겨울 브라이트

Section 01 봄 브라이트·겨울 브라이트

브라이트 톤은 고채도, 중·고명도, 청색의 컬러들로 구성된 그룹이다. 색감이 눈에 확 띄는 선명한 톤으로 다른 톤 보다도 시선이 집중된다. 채도가 가장 높은 톤으로 브라이트 톤의 색 이미지는 화려하고 활동적이고 자극적이고 개성적인 느낌을 지니고 있다. 아방가르드 이미지 배색이나 액티브 이미지 배색에 쉽게 잘 어우러진다. 이 그룹에서도 웜의 컬러는 봄 유형, 쿨의 컬러는 겨울 유형에 속하게 된다.

컬러 이미지 : #선명한 #화려한 #자극적 #활동적인

잠깐만요

브라이트 타입은 청탁(맑고 흐린 정도)의 영향을 많이 받는 중요한 유형으로, 이들 중 특히 청탁의 영향을 많이 타는 유형이라면 청색(맑은 색)의 팔레트를 가진 봄 브라이트와 겨울 브라이트를 함께 호환하여 사용할 수 있는 경우가 많다. 반면에 청탁의 영향이 아닌 웜쿨(따뜻하고 차가운 정도)의 영향이 중요한 유형이라면 봄 브라이트는 웜의 계절인 봄과 가을 안에서의 타입을, 겨울 브라이트는 쿨의 계절인 여름과 겨울 안에서의 타입 중에 호환이 가능한 다른 타입이 있는지 확인해 보는 것이 좋다.

봄 브라이트(Spring Bright)

01 헤어 컬러

헤어 컬러 팔레트

헤어 컬러는 대체적으로 노란빛의 어두운 컬러가 좋다. 이 유형은 대비감이 잘 받는 타입이 많지만, 잘 받지 않는 유형도 적지 않게 있다. 대비가 잘 받지 않는 타입이라면 피부색의 밝기와 비슷한 밝기의 웜 브라운으로 염색하는 것이 좋다. 대비감이 잘 받는 타입이라면 얼굴색과 헤어 컬러가 분리될 수 있도록 하면 좋다. 헤어 컬러를 밝게 원할 경우 어둡고 선명한 초코 브라운이나 다크 브라운으로 염색해서 대비 감을 살리는 것이 좋다. 흑발도 잘 소화하며 내츄럴 블랙 뿐만 아니라 어두운 브라운 색상도 좋다. 다만, 애쉬나 카키 계열 등 회색기가 많이 느껴지는 뿌연 색들은 안색이 좋아 보이지 않고 텁텁해 보일 수 있으 니 피하는 것이 좋다.

패션 컬러 팔레트

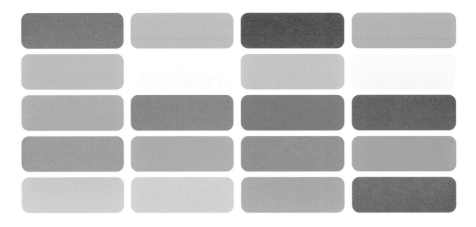

패션 컬러는 쨍한 느낌이 드는 따뜻하면서도 고채도의 순색이 잘 어울린다. 청탁을 많이 타는 타입이라면 깨끗하고 맑은 청색의 그룹인 겨울 브라이트 타입 컬러와 함께 사용이 가능하다. 봄 브라이트는 특히 여름의 탁색 컬러를 사용할 경우 얼굴색은 혈색이 없어 아파 보이거나 피곤해 보일 수 있어 주의하는 것이 좋다.

얼굴선에서 떨어져 매치하는 패션 컬러는 얼굴색에 미치는 영향이 적기에 착장 중 얼굴선에 가장 가까이 위치한 액세서리나 상의 컬러를 봄 브라이트 패션 컬러로 매치하는 것이 좋다. 착장 중 대비감이 잘 받는 타입과 대비감이 잘 받지 않은 타입으로 나누어 추천 스타일링을 설명할 수 있다.

① 착장 중 대비감이 잘 받는 타입

착장 중 얼굴선 주변의 컬러를 봄 브라이트 컬러 중에서 선택하여 매치한다. 이후 얼굴 주변 외에 코디하는 컬러는 먼저 매치한 컬러와 분리될 수 있도록 악센트, 세퍼레이션 배색을 하는 것이 좋다. 패션 무늬나 포인트가 들어간 착장 또한 좋다.

• 악센트 배색: 단조로운 배색에 대조(반대) 색상을 넣어 악센트를 주는 배색이다.
• 세퍼레이션 배색: 단조로운 배색에 무채색을 넣어 분리 효과를 주는 배색이다.

② 착장 중 대비감이 잘 받지 않는 타입

착장 중 얼굴선 주변의 컬러를 봄 브라이트 패션 컬러 중에서 선택하여 매치한다. 이후 얼굴 주변 외에 코디하는 컬러는 먼저 매치한 컬러와 부드럽게 연결될 수 있도록 톤온톤, 톤인톤 배색을 하는 것이 좋다. 무늬나 포인트가 과하게 들어가지 않은 착장이 좋다.

- 톤온톤 배색: 동일 색상으로 매치하되 톤이 다른 배색이다.
- 톤인톤 배색: 색상은 다르게 매치하되 톤이 동일한 배색이다.

메이크업 예시

메이크업 실습

제품	컬러	컬러 팔레트
치크	오렌지 코랄 핑크 피치	
립스틱	레드 오렌지 코랄	
아이 섀도우	베이지 코랄 피치 브라운	

잠깐만요

• 코랄 핑크(coral pink): 산호빛의 분홍   • 피치(peach): 옅은 노란 분홍
• 베이지(beige): 흐린 노랑

메이크업으로 사용되는 제품의 색상은 피부색에 얹어 발색 되었을 때 개인의 피부의 결점, 색상, 밝기, 제품의 제형에 따라 원래 색과는 다른 색상으로 변해서 피부색에 올라오는 일도 있다. 따라서 색조화장품은 여기서 제시된 팔레트 색과 같은 제품을 무조건 구매하는 것보다는 피부색에 제품을 사용했을 때 피부에 올라오는 색을 확인해야 하며, 여기서 제시된 메이크업 팔레트 색상을 참고하여 선택하는 것이 좋다.

04 쥬얼리

봄 브라이트 타입은 대비감을 잘 받는 경우가 많아 보통 선명한 색상의 레드, 오렌지 레드, 그린 등 색감이 포인트로 들어간 쥬얼리를 착용하면 좋다. 광채가 잘 어울리는 타입인 만큼 골드의 반짝이는 액세서리가 베스트이다. 그러나 골드라 해도 무광 골드나 무광 실버, 탁한 컬러의 보석류는 봄 브라이트 타입의 강점을 저해시키는 요소로 피해 주는 것이 좋다. 쥬얼리의 사이즈는 두껍고 무게감이 있는 과한 크기보다 얇고 가는 느낌의 심플한 디자인 좋다.

얼굴, 목, 손의 색상이 차이가 많이 나는 경우 액세서리 색을 꼭 따뜻한 색상으로 사용하지 않아도 된다. 이 경우 액세서리를 착용할 부위에 액세서리 컬러를 직접 대어보고 컬러를 선택하는 것이 더 좋다. 디자인 도 착장의 분위기에 맞추어 선택해도 좋다.

봄 라이트 타입은 은은하고 가벼운 라이트 플로럴 계열의 소프트한 향수가 잘 어울렸다면 선명한 고채도의 컬러가 잘 어울리는 봄 브라이트 톤은 좀더 진한 튤립꽃 향기 또는 아카시아 허니와 같이 농도가 짙은 선명한 꽃향기의 플로랄 향과 복숭아향, 스트로베리의 달콤한 향기의 단 향이 특징인 프루티 계열의 과일 향을 미들 노트나 베이스 노트에 함유된 향이 봄 브라이트의 생기있고 푸릇푸릇한 신선함과 액티브하고 쾌활한 느낌과 잘 어울린다.

제품		노트	특징
	T	그린 노트, 블랙 커런트 페티그레인카시스	**조말론_넥타린 블로썸 앤 허니 코롱**
	M	넥타린, 아카시아 허니	달달한 과일의 프루티 향으로 아카시아꿀 향기와 복숭아 봄꽃의 향처럼 달콤하고 유쾌한 기분을 내어주는 향
	B	베티버, 복숭아, 자두	
	T	라즈베리 다투라	**입생로랑_몽 파리 오 드 빠르펭**
	M	피어니	라즈베리-스트로베리의 푸르티 향을 시작으로, 다투라-화이트 피어니와 화이트 머스크의 하모니는 관능적인 매력과 깨끗하고 매혹적인 잔향
	B	패츌리, 화이트 머스크	
	T	시클라멘, 후리지아, 루바브로	**바이레도_라 튤립 오 드 퍼퓸**
	M	튤립	톱 노트의 씨클라멘과 후리지아의 향이 너무 달달하지 않은 꽃향기를 시작으로 미들 노트에 있는 튤립의 향이 선명하고 산뜻하면서 꽃화원에서 생화와 풀내음이 나는 플로랄 향수
	B	베티버, 블론드 우드	

※ T=(Top Note, 톱 노트), M=(Middle Note, 미들 노트), B=(Base Note, 베이스 노트)

01 헤어 컬러(Hair Color)

헤어 컬러 팔레트

헤어 컬러는 대체적으로 블랙 브라운, 블루 블랙, 레드 와인, 다크 바이올렛과 같이 검은색으로 보이나 빛에 비춰졌을 때 살짝 다른 색이 느껴지는 것이 좋다. 같은 쿨 계열인 애쉬 핑크, 애쉬 퍼플은 차갑지만 뿌연 컬러이기에 선명한 컬러가 잘 받는 브라이트 타입에서는 어울리지 않아 전체 염색은 피하는 것이 좋다. 만약 밝은색으로 염색을 원한다면 전체적으로 어두운 다크 계열의 색으로 염색을 하고 투톤이나 브릿지 등 일부부만 밝게 포인트 컬러를 주는 디자인을 하는 것이 좋다.

패션 컬러 팔레트

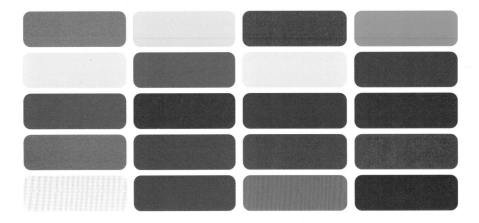

패션 컬러는 쨍한 느낌이 드는 차가우면서도 고채도의 순색이 잘 어울린다. 청탁을 많이 타는 타입이라면 깨끗하고 맑은 청색을 선택하여 봄 브라이트 타입 컬러와 함께 사용이 가능하다. 다른 유형에서는 과하게 느껴질 수 있는 형광 계열의 컬러도 소화할 수 있다. 화려한 컬러가 부담스럽다면 깨끗한 흰색, 검은색이 주로 활용 가능하며 여러 가지 색들이 섞여 흐릿하고 탁한 회색, 카키 그린, 베이지 등의 탁색들은 얼굴 색을 칙칙하게 만들 수 있으니 주의하는 것이 좋다.

얼굴선에서 떨어져 매치하는 패션 컬러는 얼굴색에 미치는 영향이 적기에 착장 중 얼굴선에 가장 가까이 위치한 액세서리나 상의 컬러를 겨울 브라이트 패션 컬러로 매치하는 것이 좋다. 착장 중 대비감이 잘 받는 타입과 대비감이 잘 받지 않은 타입으로 나누어 추천 스타일링을 설명할 수 있다.

① 착장 중 대비감이 잘 받는 타입

착장 중 얼굴선 주변의 컬러를 겨울 브라이트 컬러 중에서 선택하여 매치한다. 이후 얼굴 주변 외에 코디하는 컬러는 먼저 매치한 컬러와 분리될 수 있도록 악센트, 세퍼레이션 배색을 하는 것이 좋다. 패션 무늬 또는 포인트가 들어간 착장 또한 좋다.

- 악센트 배색: 단조로운 배색에 대조(반대) 색상을 넣어 악센트를 주는 배색이다.
- 세퍼레이션 배색: 단조로운 배색에 무채색을 넣어 분리 효과를 주는 배색이다.

② 착장 중 대비감이 잘 받지 않는 타입

착장 중 얼굴선 주변의 컬러를 겨울 브라이트 컬러 중에서 선택하여 매치한다. 이후 얼굴 주변 외에 코디하는 컬러는 먼저 매치한 컬러와 부드럽게 연결될 수 있도록 톤온톤, 톤인톤 배색을 하는 것이 좋다. 무늬나 포인트가 과하게 들어가지 않은 착장이 좋다.

- 톤온톤 배색: 동일 색상으로 매치하되 톤이 다른 배색이다.
- 톤인톤 배색: 색상은 다르게 매치하되 톤이 동일한 배색이다.

메이크업 예시

메이크업 실습

제품	컬러	컬러 팔레트
치크	라벤더 로즈핑크	
립스틱	핑크레드 레디쉬퍼플 그레이프 마젠타	
아이 섀도우	마젠타, 코코아	

- 라벤더(lavender) : 흐린 보라
- 핑크레드(pink red): 분홍빛이 가미된 레드
- 그레이프(grape): 어두운 보라
- 코코아(cocoa): 탁한 갈색

- 로즈핑크(rose pink) : 흐린 장밋빛 분홍
- 레디쉬퍼플(reddish purple): 자주
- 마젠타(magenta): 밝은 자주

메이크업으로 사용되는 제품의 색상은 피부색에 얹어 발색 되었을 때 개인의 피부의 결점, 색상, 밝기, 제품의 제형에 따라 원래 색과는 다른 색상으로 변해서 피부색에 올라오는 일도 있다. 따라서 색조화장품은 여기서 제시된 팔레트 색과 같은 제품을 무조건 구매하는 것보다는 피부색에 제품을 사용했을 때 피부에 올라오는 색을 확인해야 하며, 여기서 제시된 메이크업 팔레트 색상을 참고하여 선택하는 것이 좋다.

04 쥬얼리

겨울 브라이트 타입은 선명하고 확실한 색이 잘 어울리는 만큼 화려하고 깨끗한 이미지에 어울리는 로열블루나 선명한 마젠타 등 고채도 컬러의 보석류나 광택이 강한 백금, 실버, 반짝이는 큐빅, 다이아몬드, 크리스탈, 흑진주, 오닉스가 포인트로 된 디자인이 베스트이다. 디자인은 세련되고 지적인 이미지에 맞는 심플하고 절제된 느낌이 더욱 좋다. 팔찌도 화려한 컷팅이나 결이 있는 것 보다 민자의 단조롭고 심플한 뱅글 느낌이 세련된 느낌을 표현하는데 좋으며 겨울 브라이트에 무광 골드나 레이스 재질, 우드 재질은 피해 주는 것이 좋다.

얼굴, 목, 손의 색상 차이가 많이 나는 경우 액세서리 색을 꼭 차가운 색상으로 사용하지 않아도 된다. 이 경우 액세서리를 착용할 부위에 액세서리 컬러를 직접 대어보고 컬러를 선택하는 것이 더 좋다. 디자인도 착장의 분위기에 맞추어 선택해도 좋다.

05 향수

선명하고 화려한 컬러가 잘 어울리는 겨울 브라이트 타입은 차갑고 시원한 향조가 가장 잘 어울리며 향은 시트러스 계열과 앰버와 우디계열에 깊이감을 더해 주면서 톡 쏘는 스파이시 계열이 도도하고 시크한 매력을 더해 준다. 미들 노트에 장미, 자스민과 같은 꽃향기에 샌달우드, 베티버, 패출리 등의 우디향이나 아이리스, 통가빈의 파우더 노트의 조합도 좋다. 겨울의 시린 감성을 털어내고자 할 때는 달콤한 살내음과 가장 유사한 향료인 머스크와 바닐라 향의 노트의 조합도 추천한다.

제품		노트	특징
	T	블랙베리	조말론_블랙베리 앤 베이 코롱
	M	월계수잎	순수의 향. 이제 막 수확한 월계수잎의 신선함에 톡 쏘는 블랙베리 과즙을 가미한 매력적이고 생기 넘치는 상쾌한 느낌의 향
	B	시더우드	
	T	산딸기 바이올렛 잎사귀, 레드 자몽	마크 제이콥스_데이지 EDT
	M	바이올렛 쟈스민, 치자나무꽃	따스하고 딥한 향이 겨울에 더할 나위 없이 잘 어울리며 감미로운 샌달우드가 따뜻하고 섬세한 겨울의 감성을 느끼게 하는 향
	B	머스크 바닐라향	
	T	베르가못, 라벤더	입생로랑_리브르 오 드 빠르펭 인텐스
	M	오렌지 블라썸, 오키드, 통카민	톱 노트 라벤더를 시작해서 자스민, 오키드, 통카민, 바닐라로 이어지는데 첫향이 강하고 달콤한 잔향이 오래 남는 여성스럽고 세련된 파워 당당한 향
	B	엠버, 바닐라	

※ T=(Top Note, 톱 노트), M=(Middle Note, 미들 노트), B=(Base Note, 베이스 노트)

Chapter 03

차분한 여름 뮤트·가을 뮤트

Section 01 여름 뮤트·가을 뮤트

뮤트 타입은 중채도, 저채도, 탁색의 컬러들로 구성된 그룹이다. 라이트 그레이시 톤과 소프트 톤 중명도와 고명도에 위치하며, 그레이시 톤과 덜 톤은 중명도와 저명도에 속한다. 뮤트 톤의 색만으로 이미지는 부드럽고 안정적인 느낌을 가지고 있다. 뮤트 톤에 속한 컬러들도 명도와 채도에 따라 다양하게 배색이 가능하다. 대체적으로 엘레강스 이미지나 내츄럴 이미지 배색과 잘 어우러진다. 이 그룹에서도 웜의 컬러는 가을 유형, 쿨의 컬러는 여름 유형으로 속하게 된다.

컬러 이미지 : #흐린 #뿌연 #부드러운 #안정적인

> **잠깐만요**
>
> 뮤트 타입은 청탁(맑고 흐린 정도)의 영향을 많이 받는 중요한 유형으로, 이들 중 특히 청탁의 영향을 많이 타는 유형이라면 탁색(흐린 색)의 팔레트를 가진 여름 뮤트와 가을 뮤트를 함께 호환하여 사용할 수 있는 경우가 많다. 반면에 청탁의 영향이 아닌 웜쿨(따뜻하고 차가운 정도)이 중요한 유형이라면 여름 뮤트는 쿨의 계절인 여름과 겨울 안에서의 타입을, 가을 뮤트는 웜의 계절인 봄과 가을 안에서의 타입 중에 호환이 가능한 다른 타입이 있는지 확인해 보는 것이 좋다.

01 헤어 컬러(Hair Color)

헤어 컬러 팔레트

헤어 컬러는 쿨톤의 특성상 노란빛이 보이지 않는 검은 계열의 헤어 컬러가 대체적으로 좋다. 탁한 컬러가 어울리는 톤으로 너무 쨍하고 선명한 컬러로 염색을 하면 머리카락이 가발처럼 느껴져 얼굴이 분리되어 보일 수 있어 주의해야 한다. 브라운 계열의 헤어가 좋다면 노란기가 적은 브라운을 선택하는 것이 좋다. 이 유형은 대비감이 잘 받지 않는 유형이 많으나 잘 받는 유형도 적지 않게 있다. 대비감이 잘 받지 않는다면 애쉬브라운이나 애쉬가 섞인 파스텔 계열 같은 부드럽고 탁기가 느껴지는 헤어 컬러를 선택하는 것이 좋다. 대비감이 잘 받는 유형이라면 초코 브라운이나 쿨 브라운 등 어두운 컬러로 유지하는 것이 좋다.

• 탁기: 흐리고 뿌옇은 기운
• 애쉬: 회색빛이 도는
• 애쉬 핑크: 회색빛이 도는 핑크

02 패션 컬러

패션 컬러 팔레트

패션 컬러는 차가운 탁색 계열의 색이 잘 어울린다. 여름 유형 컬러 중 탁한 느낌이 드는 저채도의 색을 잘 소화한다. 이 중 청탁의 영향을 많이 타는 타입이라면 흐리고 탁한 가을 뮤트의 컬러와 공유가 가능하다. 이러한 여름 뮤트는 특히 비비드한 형광색을 사용할 경우 얼굴보다는 색이 더 도드라져 보일 수 있으니 주의하는 것이 좋다.

얼굴선에서 떨어져 매치하는 패션 컬러는 얼굴색에 미치는 영향이 적기에 착장 중 얼굴선에 가장 가까이 위치한 액세서리나 상의 컬러를 여름 뮤트 패션 컬러로 매치하는 것이 좋다. 착장 중 대비감이 잘 받는 타입과 대비감이 잘 받지 않은 타입으로 나누어 추천 스타일링을 설명할 수 있다.

① 착장 중 대비감이 잘 받는 타입

착장 중 얼굴선 주변의 컬러를 여름 뮤트 패션 컬러 중에서 선택하여 매치한다. 이후 얼굴 주변 외에 코디하는 컬러는 먼저 매치한 컬러와 분리될 수 있도록 세퍼레이션 배색을 하는 것이 좋다. 패션 무늬나 포인트가 들어간 착장도 좋다.

• 세퍼레이션 배색: 단조로운 배색에 무채색을 넣어 분리 효과를 주는 배색이다.

② 착장 중 대비감이 잘 받지 않는 타입

착장 중 얼굴선 주변의 컬러를 여름 뮤트 패션 컬러 중에서 선택하여 매치한다. 이후 얼굴 주변 외에 코디하는 먼저 매치한 컬러와 부드럽게 연결될 수 있도록 톤온톤, 톤인톤 배색을 하는 것이 좋다. 무늬나 포인트가 과하게 들어가지 않은 착장이 좋다.

- 톤온톤 배색: 동일 색상으로 매치하되 톤이 다른 배색이다.
- 톤인톤 배색: 색상은 다르게 매치하되 톤이 동일한 배색이다.

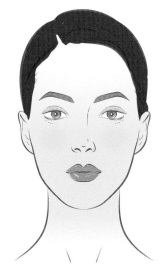

메이크업 예시

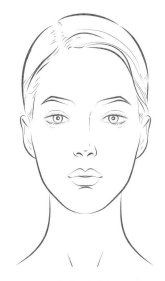

메이크업 실습

제품	컬러	컬러 팔레트
치크	애쉬 핑크 라벤더	
립스틱	로즈 핑크	
아이 섀도우	라벤더 코코아	

잠깐만요

• 애쉬 핑크(ash pink) : 회색빛이 가미된 옅은 분홍　• 라벤더(lavender) : 흐린 보라
• 로즈 핑크(rose pink) : 흐린 장밋빛 분홍　• 코코아(cocoa): 탁한 갈색

메이크업으로 사용되는 제품의 색상은 피부색에 얹어 발색 되었을 때 개인의 피부의 결점, 색상, 밝기, 제품의 제형에 따라 원래 색과는 다른 색상으로 변해서 피부색에 올라오는 일도 있다. 따라서 색조화장품은 여기서 제시된 팔레트 색과 같은 제품을 무조건 구매하는 것보다는 피부색에 제품을 사용했을 때 피부에 올라오는 색을 확인해야 하며, 여기서 제시된 메이크업 팔레트 색상을 참고하여 선택하는 것이 좋다.

04 쥬얼리

여름 뮤트 타입은 중채도와 저채도의 컬러가 잘 어울리기 때문에 광택이 없는 엔틱한 실버 액세서리가 가장 좋은 경우가 많다. 은은한 광택이 나는 자개, 흰진주, 파스텔 계열의 토파즈, 비즈 소재를 활용한 액세서리가 무난하게 잘 어울린다. 무광의 실버가 베스트이지만 골드 쥬얼리를 착용하고 싶다면 로즈 골드가 여름 쿨톤의 피부를 혈색있게 하는 효과로 좋다. 반대로 광택이 강한 골드나 원색적인 컬러들은 피하는 것이 좋다. 쥬얼리의 크기는 보석의 사이즈가 너무 크거나 반대로 너무 작은 것보다는 여름 뮤트만의 단아한 이미지와 잘 어울리는 적당한 사이즈를 선택하는 것이 좋다.

얼굴, 목, 손의 색상 차이가 많이 나는 경우 액세서리 색을 꼭 따뜻한 색상으로 사용하지 않아도 된다. 이 경우 액세서리를 착용할 부위에 액세서리 컬러를 직접 대어보고 컬러를 선택하는 것이 더 좋다. 디자인이나 착장의 분위기에 맞추어 선택해도 좋다.

여름 뮤트 타입은 톡 쏘는 향이나 너무 단향의 프루트 계열이나 너무 청량하고 시원한 향 보다는 뿌린 듯 안 뿌린 조금 눌러주는 듯한 은은한 향이 잘 어울린다. 섬유유연제 향 같은 코튼 향, 비누 향, 순한 살 내음과 라벤더, 아이리스의 은은한 향들이 대표적이다. 화이트 플로럴 계열과 열대 과일 향의 프루티 계열, 축축하게 젖은 느낌의 나뭇잎 향이 특징인 시프레 계열과 머스크의 조합이 단아하고 차분한 느낌과 잘 어울린다.

제품		컬러	컬러 팔레트
	T	배, 은방울꽃	메종 마르지엘라_레플리카 레이지 선데이 모닝 EDT
	M	아이리스	플로럴과 코튼 향의 조합으로 부드럽고 순함이 느껴지는 순수하고 따뜻한 느낌으로 은은한 살 향으로 마음이 편해지는 순한 아이리스 향
	B	화이트 머스크, 파츌리	
	T	바이올렛/멜론, 와일드 플라워	겔랑_아쿠아 알레고리아 플로라 살바지아
	M	자스민, 오렌지블라썸	화이트 머스크가 어우러진 프레쉬 플로랄 계열의 향에 옐로우 멜론 노트가 더해져 생기를 주고 파우더리한 아이리스 잔향이 은은하게 나는 밝은 향
	B	바이올렛, 아이리스, 화이트 머스크	
	T	화이트 로즈, 핑크 페퍼, 알데히드	바이레도_블랑쉬 오 드 퍼퓸
	M	바이올렛, 네룰리, 작약	살 내음 향으로 깨끗하고 포근한 느낌이 나는 코튼 향으로 가장 호불호 없이 누구나 좋아할만한 향수로 향이 소프트하고 은은하면서 고급스럽고 무겁지 않은 향
	B	블론드 우드, 샌달우드, 머스크	

※ T=(Top Note, 톱 노트), M=(Middle Note, 미들 노트), B=(Base Note, 베이스 노트)

잠깐만요
- 프루트: 과일향
- 시프레: 시원한 식물향
- 플로럴: 꽃향
- 머스크: 사향 노루향

가을 뮤트(Autumn Mute)

01 헤어 컬러

헤어 컬러 팔레트

헤어 컬러는 대체적으로 브라운 계열의 컬러가 안정적이다. 다크 브라운, 카키 브라운, 매트 브라운, 밀크 브라운 등 부드러우면서 탁한 브라운 계열의 색상을 선택하는 것이 좋다. 이 유형은 대비감이 잘 받지 않는 타입이 보편적으로 많으나 잘 받는 타입도 적지 않게 있다. 대비감이 잘 받지 않는 타입일 경우 베이지 브라운이나 애쉬 브라운 등 탁기가 많이 섞여 반사 빛이 느껴지지 않도록 부드러운 헤어 컬러를 선택하는 것이 좋다. 대비감이 잘 받는 타입이라면 라이트 브라운, 골드 브라운 등 쨍하고 반사 빛이 강한 브라운을 하거나 다크 브라운 또는 내츄럴 블랙 같은 본인의 자연 모발 정도로 얼굴보다 어두운 컬러로 유지하는 것이 좋다. 너무 차갑고 선명한 푸른 계열의 색으로 염색을 하면 얼굴이 창백해지거나 머리카락 색과 얼굴이 분리되어 보일 수 있으니 주의해야 한다.

패션 컬러 팔레트

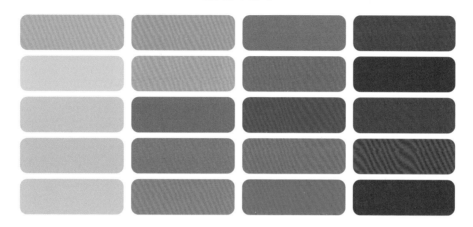

패션 컬러는 따뜻한 탁색 계열의 색이 잘 어울린다. 부드러운 컬러로 가을의 고급스러운 느낌보다는 차분하고 여리한 느낌의 컬러가 주를 이루는 타입이다. 이 중 청탁을 많이 타는 타입이라면 흐리고 탁한 여름 뮤트의 컬러와 공유가 가능하다. 이러한 가을 뮤트는 특히 비비드한 차가운 겨울의 색을 사용할 경우 얼굴보다는 색이 도드라져 보일 수 있어 주의하는 것이 좋다.

얼굴선에서 떨어져 매치하는 패션 컬러는 얼굴색에 미치는 영향이 적기에 착장 중 얼굴선에 가장 가까이 위치한 액세서리나 상의 컬러를 가을 뮤트 패션 컬러로 매치하는 것이 좋다. 착장 중 대비감이 잘 받는 타입과 대비감이 잘 받지 않는 타입으로 나누어 추천 스타일링을 설명할 수 있다.

① 착장 중 대비감이 잘 받는 타입

착장 중 얼굴선 주변의 컬러를 가을 뮤트 패션 컬러 중에서 선택하여 매치한다. 이후 얼굴 주변 외에 코디하는 컬러는 먼저 매치한 컬러와 분리될 수 있도록 세퍼레이션 배색을 하는 것이 좋다. 패션 무늬나 포인트가 들어간 착장도 좋다.

• 세퍼레이션 배색: 단조로운 배색에 무채색을 넣어 분리 효과를 주는 배색이다.

② 착장 중 대비감이 잘 받지 않는 타입

착장 중 얼굴선 주변의 컬러를 가을 뮤트 패션 컬러 중에서 선택하여 매치한다. 이후 얼굴 주변 외에 코디하는 먼저 매치한 컬러와 부드럽게 연결될 수 있도록 톤온톤, 톤인톤 배색을 하는 것이 좋다. 무늬나 포인트가 과하게 들어가지 않은 착장이 좋다.

- 톤온톤 배색: 동일 색상으로 매치하되 톤이 다른 배색이다.
- 톤인톤 배색: 색상은 다르게 매치하되 톤이 동일한 배색이다.

메이크업 예시

메이크업 실습

제품	컬러	컬러 팔레트
 치크	베이지 로즈 핑크	
립스틱	소프트 브릭 드라이 로즈	
아이 섀도우	카멜 로즈 브라운	

잠깐만요

- 베이지(beige): 흐린 노랑
- 드라이 로즈(dry rose): 흐린 자주빛이 가미된 분홍
- 로즈 브라운(rose brown): 흐린 자줏빛이 가미된 갈색
- 소프트 브릭(soft brick): 흐린 적갈색
- 카멜(camel): 흐린 주황

메이크업으로 사용되는 제품의 색상은 피부색에 얹어 발색 되었을 때 개인의 피부의 결점, 색상, 밝기, 제품의 제형에 따라 원래 색과는 다른 색상으로 변해서 피부색에 올라오는 일도 있다. 따라서 색조화장품은 여기서 제시된 팔레트 색과 같은 제품을 무조건 구매하는 것보다는 피부색에 제품을 사용했을 때 피부에 올라오는 색을 확인해야 하며, 여기서 제시된 메이크업 팔레트 색상을 참고하여 선택하는 것이 좋다.

04 쥬얼리

가을 뮤트 타입은 로즈 골드 쥬얼리를 착용할 때 가장 좋은 경우가 많다. 광택이 없는 엔틱한 골드 소재와 우드 소재, 갈색 계열의 가죽 끈 등도 잘 어울린다. 단조롭고 심플한 작은 액세서리가 아닌 큰 액세서리도 잘 어울린다. 목걸이나 팔찌도 레이어드(Layered. 층이 있는)하거나 길게 늘어지는 것이 좀더 매력적이고 가을 감성에 잘 어울리는 스타일링 효과를 볼 수 있다. 반면 광이 강한 백금이나 실버 크리스탈, 반짝이는 큐빅 소재와 선명한 컬러의 액세서리는 가을 뮤트 이미지와는 다소 상반되기 때문에 쥬얼리나 액세서리만 떠 보이는 경향이 있어 피하는 것이 좋다.

얼굴, 목, 손의 색상 차이가 많이 나는 경우는 액세서리 색을 꼭 따뜻한 색상으로 사용하지 않아도 된다. 이 경우 액세서리를 착용할 부위에 액세서리 컬러를 직접 대어보고 컬러를 선택하는 것이 더 좋다. 디자인이나 착장의 분위기에 맞춰서 선택해도 좋다.

가을의 감성을 잘 나타내주는 우디 계열은 나무를 연상시키는 신선하고 편안한 향으로 가을 뮤트 타입에 잘 어울리는 향의 계열이다. 부드럽고 다소 섹시한 샌달우드계와 신록과 목재의 백단향이 미들 노트로 쓰인 향은 고상하고 안정된 느낌과 따뜻하고 부드러운 분위기를 연출하고 잔향으로 은은한 바닐라 향이 잘 어울리며 머스크 계열의 향이 중후함을 나타내주면서 더욱 가을 뮤트 감성을 깊이 있게 완성할 수 있다.

제품		노트	특징
	T	그린 애플, 베르가못, 블랙 커런트	**버버리_클래식 런던 우먼 오드퍼퓸 EDP**
	M	자스민, 백단향, 서양 삼나무	잔잔한 우아함을 나타내주는 듯한 은은하면서 풍성한 과일향과 자스민 향으로 우아하고 격조 높은 이미지 클래식 분위기와 차분하고 관능적인 면을 동시에 갖춘 다양한 향으로 여러가지 과일향과 나무향의 조화가 세련되고 지성미가 느껴지는 향
	B	머스크, 앰버, 샌들 우드, 바닐라	
	T	로만 카모마일	**구찌_메모아 된 오더 오 드 퍼퓸**
	M	머스크, 인디언 코럴, 자스민	미네랄 아로마틱 계열 향수로, 톱 노트의 첫 향으로 로만 카모마일 향이 몽환적이라면 머스크와 자스민의 조화의 향이 소프트함과 투명함, 머스키함 등 다양한 향기와 감정이 적절이 융합되어 유니크하면서 현대적인 감각을 표현할 수 있는 향
	B	바닐라, 명목	
	T	로즈 페탈 추출물	**불가리 로즈 골데아 오 드 퍼퓸**
	M	다마스커스 로즈, 자스민 앱솔루트	석류, 로즈 페탈, 프루티머스크의 톱 노트가 싱그러운 장미향이 부드럽게 발향되다가 미들 노트의 다마스크 로즈와 자스민 앱솔루트가 매혹적이고 고혹적인 여성미를 느끼게 해 주면서 잔향은 파우더리 한 향기의 센슈얼 머스크, 샌달우드 밀크, 화이트가 마음을 부드러운 어루만짐을 선사하는 향
	B	샌달우드 밀크	

※ T=(Top Note, 톱 노트), M=(Middle Note, 미들 노트), B=(Base Note, 베이스 노트)

잠깐만요	• 우디: 나무향 • 머스크: 사향 노루향

Chapter 04

기품있는 가을 다크·겨울 다크

Section 01 **가을 다크·겨울 다크**

다크 타입은 저채도, 저명도, 청색 컬러들의 집합이다. 명도와 채도가 매우 낮은 톤으로 색들의 이미지가 견고하면서 무거운 느낌을 준다. 클래식 이미지, 고저스 이미지, 에스닉 이미지, 펑크 이미지, 모던 이미지 등 다양한 배색에 어우러진다. 이 그룹에서도 웜의 컬러는 가을 유형, 쿨의 컬러는 겨울 유형으로 속하게 된다.

컬러 이미지 : #어두운 #무거운 #점잖은 #견고한

잠깐만요

다크 타입은 명도(밝고 어두운 정도)의 영향을 많이 받는 중요한 유형으로, 이들 중 특히 명도의 영향을 많이 타는 유형이라면 어두운색의 팔레트를 가진 가을 다크와 겨울 다크를 함께 호환하여 사용할 수 있는 경우가 많다. 반면에 명도의 영향이 아닌 웜쿨(따뜻하고 차가운 정도)의 영향이 중요한 유형이라면 가을 다크는 웜의 계절인 봄과 가을 안에서의 타입을, 겨울 다크는 쿨의 계절인 여름과 겨울 안에서의 타입 중에 호환이 가능한 다른 타입이 있는지 확인해 보는 것이 좋다.

01 헤어 컬러

헤어 컬러 팔레트

헤어 컬러는 대체적으로 블랙 또는 어두운 브라운 계열의 컬러가 안정적이다. 이 유형에서도 대비감이 잘 받는 타입이라면 진한 블랙이나 다크 브라운 등의 헤어 컬러를 선택하거나 밝은 컬러를 원한다면 아예 라이트 브라운, 골드 브라운, 오렌지 브라운 등의 밝고 눈에 잘 띄는 옐로우 베이스의 헤어 컬러를 선택하여 대비감을 표현해 주는 것이 좋다. 이때 밝은 헤어 컬러를 할 경우 옷은 항상 어두운 컬러를 선택해 입어주는 것이 좋다. 반면에 대비감이 잘 받지 않는 타입이라면 다크 브라운, 초코 브라운 등의 눈에 띄지 않는 어두운 헤어 컬러를 선택하는 것이 좋다. 백발 또는 밝은 푸른 계열의 탁색으로 염색을 하면 얼굴이 창백하게 보일 수 있어 주의해야 한다.

패션 컬러 팔레트

패션 컬러는 저명도의 따뜻한 색이 잘 어울린다. 가을 유형 컬러 중 무겁고 어두운 느낌이 드는 청색을 잘 소화한다. 이 중 명도를 많이 타는 타입이라면 어둡고 무거운 겨울 다크 컬러와 공유가 가능하다. 이러한 가을 다크는 웜톤에 속하지만 고채도의 강한 노란기가 있는 컬러 또는 너무 옅은 컬러는 잘 어울리지 않기에 무게감이 있는 무거운 레드나 그린 계열을 사용하는 것이 좋다.

얼굴선에서 떨어져 매치하는 패션 컬러는 얼굴색에 미치는 영향이 적기에 착장 중 얼굴선에 가장 가까이 위치한 액세서리나 상의 컬러를 가을 다크 패션 컬러로 매치하는 것이 좋다. 착장 중 대비감이 잘 받는 타입과 대비감이 잘 받지 않은 타입으로 나누어 추천 스타일링을 설명할 수 있다.

① 착장 중 대비감이 잘 받는 타입

착장 중 얼굴선 주변의 컬러를 가을 다크 패션 컬러 중에서 선택하여 매치한다. 이후 얼굴 주변 외에 코디하는 컬러는 먼저 매치한 컬러와 분리될 수 있도록 악센트, 세퍼레이션 배색을 하는 것이 좋다. 패션 무늬나 포인트가 들어간 착장도 좋다.

- 악센트 배색: 단조로운 배색에 대조(반대) 색상을 넣어 악센트를 주는 배색이다.
- 세퍼레이션 배색: 단조로운 배색에 무채색을 넣어 분리 효과를 주는 배색이다.

② 착장 중 대비감이 잘 받지 않는 타입

착장 중 얼굴선 주변의 컬러를 가을 다크 패션 컬러 중에서 선택하여 매치한다. 이후 얼굴 주변 외에 코디하는 먼저 매치한 컬러와 부드럽게 연결될 수 있도록 톤온톤, 톤인톤 배색을 하는 것이 좋다. 무늬나 포인트가 과하게 들어가지 않은 착장이 좋다.

- **톤온톤 배색**: 동일 색상으로 매치하되 톤이 다른 배색이다.
- **톤인톤 배색**: 색상은 다르게 매치하되 톤이 동일한 배색이다.

메이크업 예시

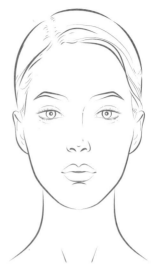

메이크업 실습

제품	컬러	컬러 팔레트
치크	브릭 드라이 로즈	
립스틱	다크 브릭 버건디	
아이 섀도우	브릭 카멜 다크 브라운	

• 브릭 레드(brick red): 붉은빛 갈색

• 다크 브릭 레드(dark brick red): 어두운 붉은빛 갈색

• 버건디(burgundy): 붉은빛 와인색

• 드라이 로즈(dry rose): 말린 장밋빛 분홍

• 카멜(camel): 흐린 주황

• 다크 브라운(dark brown): 어두운 갈색

메이크업으로 사용되는 제품의 색상은 피부색에 얹어 발색 되었을 때 개인의 피부의 결점, 색상, 밝기, 제품의 제형에 따라 원래 색과는 다른 색상으로 변해서 피부색에 올라오는 일도 있다. 따라서 색조화장품은 여기서 제시된 팔레트 색과 같은 제품을 무조건 구매하는 것보다는 피부색에 제품을 사용했을 때 피부에 올라오는 색을 확인해야 하며, 여기서 제시된 메이크업 팔레트 색상을 참고하여 선택하는 것이 좋다.

04 쥬얼리

가을 다크 타입은 화려하고 럭셔리함이 잘 표현되는 골드와 로즈 골드 둘 다 베스트이다. 다크 그린이나 버건디 컬러처럼 가볍지 않은 고채도와 저명도의 컬러감이 포인트 된 골드 쥬얼리와 가죽 소재에 큐빅이 로즈 골드와 함께 어우러진 액세서리도 좋다. 쥬얼리는 체인 형태의 팔찌나 목걸이를 레이어드하거나 작은 것 보다 큰 쥬얼리나 액세서리가 화려함이 잘 어울리는 가을 다크 타입에게 더욱 세련되 보이는 반면, 반대로 좀 가늘고 작은 쥬얼리나 파스텔 계열의 토파즈, 무광 유광의 실버는 피하는 것이 좋다.

얼굴, 목, 손의 색상 차이가 많이 나는 경우는 액세서리 색을 꼭 따뜻한 색상으로 사용하지 않아도 된다. 이 경우 액세서리를 착용할 부위에 액세서리 컬러를 직접 대어보고 컬러를 선택하는 것이 더 좋다. 디자인이나 착장의 분위기에 맞추어 선택해도 좋다.

딥하고 짙은 웜 컬러가 잘 어울리는 타입으로 화려하면서도 기품이 느껴지는 이미지에 맞게 가벼운 향보다는 무게감이 있는 중후하고 중성적인 향이 좋으며, 베스트는 자연 친화적이며 가을 향으로 대표적인 우디 향이다.

지속성이 좋고 자극적이며 개성이 강한 오리엔탈 계열의 엠버, 머스크와의 조화를 이룬 향 역시 무게감이 있으면서 짙은 가을 무드와 잘 어울리며, 장미, 쟈스민, 일랑일랑 같은 플로럴 계열의 향료 또한 가을 다크 타입의 매혹적이고 관능미의 여성스러운 이미지와 조화롭다.

제품		컬러	컬러 팔레트
	T	매그놀리아, 멜론, 복숭아	**디올_쟈도르 오 드 퍼퓸**
	M	튜베로즈, 쟈스민, 로즈	쟈도르 오 드 퍼퓸은 당당한 여성성을 담은 디올의 플로럴 향수로 플로럴-프루티 노트의 일랑일랑 에센스, 다마스크 로즈 에센스, 자스민 그랜디플로럼과 자스민 삼박이 조화롭게 어우러져 프루티함과 함께 풍성한 관능미가 돋보이는 향
	B	머스크, 바닐라	
	T	베르가못	**조말론_오드 앤 베르가못 코롱**
	M	시더우드	중동 지역의 전통 향수에서 많이 쓰이는 성스러운 나무의 미스터리하고 스모키한 느낌이 신선한 베르가못의 투명함과 특별한 조화를 이뤄 마치 최면에 빠지는 듯한 고혹적인 향
	B	오드	
	T	베르가못, 카나멈 오일	**르페르소나_LP04 골든 젬**
	M	체다 우드, 바닐라, 파이어	처음엔 플러럴한 향과 베르가못의 시트러스한 향이 전해지고 카다멈의 알싸한 향과 달콤한 향이 조화롭게 이루어진 향으로 쌀쌀한 날씨와 어울림 (중성적인 향)
	B	가이악, 우드	

※ T=(Top Note, 톱 노트), M=(Middle Note, 미들 노트), B=(Base Note, 베이스 노트)

01 헤어 컬러(Hair Color)

헤어 컬러 팔레트

헤어 컬러는 대체적으로 짙은 블랙 컬러가 안정적이다. 다른 타입에 비해 어울리는 헤어 컬러의 컬러가 한정적인 편이다. 블랙 브라운, 레드 와인, 블루 블랙, 다크 바이올렛 등 어두운 계열의 컬러들로 블랙 컬러 같지만, 빛에 비췄을 때 살짝 다른 색을 선택하는 것이 좋다. 여기서도 블랙에 가깝게 가장 어둡고 선명하게 표현할수록 헤어가 가장 도도하고 도시적인 겨울의 무드를 잘 살릴 수 있다. 이 유형에서도 대비감이 잘 받는 타입이 밝은 헤어 컬러를 원한다면 어두운 컬러로 전체 염색하고, 밝은 컬러는 부분적으로 투톤이나 브릿지 등으로 포인트를 주는 디자인을 활용하는 것이 좋다. 반면에 대비감이 잘 받지 않는 타입이라면 부드러운 헤어 컬러로 염색하는 것보다는 자연 모발을 유지하는 것이 좋다. 따뜻한 빛이 도는 옐로우 계열의 염색을 하면 얼굴이 노랗게 들떠 보일 수 있으니 주의해야 한다.

패션 컬러 팔레트

패션 컬러로 저명도의 차가운 색이 잘 어울린다. 겨울 유형 컬러 중 무겁고 어두운 느낌이 드는 청색을 잘 소화한다. 이 중에서도 명도를 많이 타는 타입이라면 어둡고 무거운 가을 다크의 컬러와 공유가 가능하다. 이러한 겨울 다크는 시크한 블랙이 너무 잘 어울리기에 여리한 가을 뮤트의 컬러를 사용할 경우 노르스름해지거나 칙칙해 보일 수 있으니 주의하는 것이 좋다.

얼굴선에서 떨어져 매치하는 패션컬러는 얼굴색에 미치는 영향이 적기에 착장 중 얼굴선에 가장 가까이 위치한 액세서리나 상의 컬러를 겨울 다크 패션 컬러로 매치하는 것이 좋다. 착장 중 대비감이 잘 받는 타입과 대비감이 잘 받지 않은 타입으로 나누어 추천 스타일링을 설명할 수 있다.

① 착장 중 대비감이 잘 받는 타입

착장 중 얼굴선 주변의 컬러를 겨울 다크 패션 컬러 중에서 선택하여 매치한다. 이 후 얼굴 주변 외에 코디하는 컬러는 먼저 매치한 컬러와 분리될 수 있도록 악센트, 세퍼레이션 배색을 하는 것이 좋다. 패션 무늬나 포인트가 들어간 착장도 좋다.

- 악센트 배색: 단조로운 배색에 대조(반대) 색상을 넣어 악센트를 주는 배색이다.
- 세퍼레이션 배색: 단조로운 배색에 무채색을 넣어 분리 효과를 주는 배색이다.

② 착장 중 대비감이 잘 받지 않는 타입

착장 중 얼굴선 주변의 컬러를 겨울 다크 패션 컬러 중에서 선택하여 매치한다. 이 후 얼굴 주변 외에 코디하는 먼저 매치한 컬러와 부드럽게 연결될 수 있도록 톤온톤, 톤인톤 배색을 하는 것이 좋다. 무늬나 포인트가 과하게 들어가지 않은 착장이 좋다.

- 톤온톤 배색: 동일 색상으로 매치하되 톤이 다른 배색이다.
- 톤인톤 배색: 색상은 다르게 매치하되 톤이 동일한 배색이다.

메이크업 예시

메이크업 실습

제품	컬러	컬러 팔레트
 치크	그레이프 플럼	
립스틱	플럼 버건디	
아이 섀도우	스틸 그레이 코코아 그레이프	

잠깐만요

- 그레이프(grape): 어두운 보라
- 버건디(burgundy): 검은 자주
- 코코아(cocoa): 탁한 갈색

- 플럼(plum): 진한 자주
- 스틸 그레이(steel gray): 보랏빛 회색
- 그레이프(grape): 어두운 보라

잠깐만요

메이크업으로 사용되는 제품의 색상은 피부색에 얹어 발색 되었을 때 개인의 피부의 결점, 색상, 밝기, 제품의 제형에 따라 원래 색과는 다른 색상으로 변해서 피부색에 올라오는 일도 있다. 따라서 색조화장품은 여기서 제시된 팔레트 색과 같은 제품을 무조건 구매하는 것보다는 피부색에 제품을 사용했을 때 피부에 올라오는 색을 확인해야 하며, 여기서 제시된 메이크업 팔레트 색상을 참고하여 선택하는 것이 좋다.

04 쥬얼리

겨울 다크 타입은 차갑고 세련된 느낌의 백금이나 실버, 크롬이 베스트이다. 다이아, 크리스탈의 깨끗한 느낌의 쥬얼리도 좋지만, 컬러가 들어간 보석을 선택할 때에는 컬러 자체가 선명한 레드나 블루보다 다크한 레드나 다크 블루 컬러의 저채도 저명도의 컬러들을 추천한다. 흑진주, 벨벳소재의 액세서리도 겨울 다크 타입에게 잘 어울린다. 디자인은 민자의 단조로움이나 심플한 디자인 보다 화려한 컷팅이나 결이 있는 것이 더 조화롭다. 아래 사진처럼 크롬 쥬얼리는 겨울 다크에게는 더욱 세련됨을 연출하는데 효과적이다. 반면 너무 반짝이는 24K 골드 쥬얼리나 갈색 가죽 소재는 겨울 다크 타입은 피하는 것이 좋다.

잠깐만요

얼굴, 목, 손의 색상 차이가 많이 나는 경우는 액세서리 색을 꼭 차가운 색상으로 사용하지 않아도 된다. 이 경우 액세서리를 착용할 부위에 액세서리 컬러를 직접 대어보고 컬러를 선택하는 것이 더 좋다. 디자인이나 착장의 분위기에 맞추어 선택해도 좋다.

올 블랙의 정장, 차갑고 짙은 컬러가 잘 어울리는 타입으로 가볍지 않고 무게감이 있는 스모키한 중성적인 매력을 나타내 주는 향이 좋다. 이미지 자체가 클래식 하면서도 모던하고 댄디한 느낌이 강한 겨울 다크 타입은 향이 부드럽지만 스파이시한 느낌이 강한 오리엔탈의 계열과 묵직한 우디 계열이 조합된 우디 오리엔탈은 이국적이고 도발적인 향으로 계절적으로도 추운 날씨 낮보다 밤에 깊이감이 더해지는 매력이 있기에 겨울 무드와 잘 어울리며 향의 중심인 미들 노트로 열정적이면서 고혹적인 이미지를 자아내는 로즈 계열과 인센스의 짙은 향들을 추천한다.

제품	컬러		컬러 팔레트
	T	시나몬	**불가리_레젬메 가라나트 오 드 퍼퓸**
	M	로즈	엠버리 로즈 계열의 향수로 자몽향과 우디향이 섞인 상큼하면서 스모크 인센스의 노트로 열정적이고 매혹적인 향
	B	스모크	
	T	블랙 체리, 통카빈, 아몬드, 터키	**톰포드_로스트 체리 오 드 퍼퓸**
	M	쉬로즈, 플럼, 벤조인	절여진 체리, 달콤한 농염함 짙고 고급스런 아름다움 관능적인 아우라를 느낄 수 있는 향, 성숙하고 매력적인 여성이 떠오르는 향으로 잔향으로는 달콤한 바닐라 향
	B	바닐라	
	T	핑크 페퍼, 베르가못	**딥디크_오카피탈 오 드 퍼퓸**
	M	로즈	매혹적인 장미향, 붉은 장미를 감싸고 올라오는 달큰한 우디, 우아함과 시크함이 공존하는 센슈얼한 향
	B	패츌리	

※ T=(Top Note, 톱 노트), M=(Middle Note, 미들 노트), B=(Base Note, 베이스 노트)

SPRING TYPE

SUMMER TYPE

AUTUMN TYPE

WINTER TYPE

퍼스널 컬러로 나를 브랜딩하라

05

PART

퍼스널 컬러 읽을거리

재미로 보는 성격 유형별 퍼스널 컬러

나의 성격 유형(MBTI)별 계절 유형과 컬러를 알아 보자!
성격 유형별로 해당하는 퍼스널 컬러를 체크하여 가장 많이 나온 계절이 있다면
그 계절이 나의 성격에 맞는 퍼스널 컬러 유형이에요.

외향형
외부 활동이나 사람을 통해 에너지 충전

#폭넓은 인간 관계 #사교적 #열정적 #활동적

E 주의 초점 (에너지) **I**

Extraversion

내향형
에너지의 방향이 자신의 생각과 내면을 향함

#깊이 있는 대인 관계 #부드러운 #신중한

Introversion

생기 있으면서 발랄한 컬러들이 포함된 : 봄, 겨울 | **연하고 부드러운 컬러들이 포함된 : 여름, 가을**

감각형
경험과 사실을 중요하게 생각(오감 의존)

#실제 경험 중시 #실용적 #현실적

S 인식 기능 **N**

Sensing

직관형
미래를 지향하며, 상상력이 풍부(육감 의존)

#미래 추구 #풍부한 상상력 #영감

iNtuition

단조롭고 규정화된 컬러들이 포함된 : 여름, 가을, 겨울 | **화려하고 에너지 있는 컬러가 포함된 : 봄, 겨울**

사고형
정보를 파악하고 나서 논리적 분석(사실, 규범, 원칙)

#뚜렷한 주관 #논리적 #객관적 #진실 #사실

T 판단 기능 **F**

Thinking

감정형
주변 사람과 상황을 통해 정보 파악(공감, 정서적)

#인간 관계 #섬세한 감정 표현

Feeling

도시적이고 차가운 컬러들이 포함된 : 여름, 겨울 | **부드럽고 따스한 컬러들이 포함된 : 봄, 가을**

판단형
체계적이고, 계획적으로 일을 처리(목적의식)

#결단적 #조직적 #체계적 #명확성 #예측 #계획

J 이행 양식 (생활) **P**

Judging

인식형
자율적이고, 유연하게 일 처리(호기심, 모험, 즉흥)

#융통성 #자율적 #즉흥적

Perceiving

어두우면서 단정한 컬러들이 포함된 : 여름, 가을, 겨울 | **통통 튀는 고채도의 컬러들이 포함된 : 봄, 겨울**

재미로 보는 성격유형별 특성과 컬러입니다.

어디까지나 성격에 맞는 컬러이니까
실제 진단한 퍼스널 컬러와 비교용으로 참고만 해 주세요.

분석가형

ENTP
논쟁을 즐기는
변론가

마운틴 메도우

#자기애#자유로움#자기주장

INTJ
용의주도한
전략가

슬레이트 그레이

#지적#진지함#냉철#완벽

INTP
논리적인 사색가

다크 시안

#차분함#차분#개인주의

ENTJ
대담한 통솔자

번트 시에나

#자신감#솔직#열정#계획

외교관형

ENFJ
정의로운
사회운동가

로지 브라운

#따뜻함#평화#희생#표현

INFJ
선의의 옹호자

벌리우드

#신중#계획#너그러움#창의

ENFP
재기발랄한
활동가

진저 라인

#상큼#호기심#명랑#인싸

INFP
열정적인 중재자

세레니티

#상상력#섬세함#낯가림

관리자형

ESFJ
사교적인 외교관

페일 블러쉬

#따뜻함#활발#감정기복

ISFJ
용감한 수호자

이브닝 쉐도우

#섬세함#모범#완벽#양극화

ISTJ
청렴결백한
논리주의자

노틸러스

#신뢰감#책임감#원리원칙

ESTJ
엄격한 관리자

마리나

#냉철함#감수성#완벽주의

탐험가형

ESTP
모험을 즐기는
사업가

피에스타

#강렬함#활기#새로움

ISFP
호기심 많은
예술가

올리브 드래브

#게으름#완벽함#솔직#평화

ESFP
자유로운 영혼의
연예인

캣트리아

#저돌적#리액션#적응력

ISTP
만능 재주꾼

다프네

#다재다능#현실적#즉흥력

퍼스널 컬러 Q & A

Q **모든 컬러가 다 잘 받는 사람도 있나요?**

A 퍼스널 컬러가 동일하게 나온 사람들끼리도 컬러를 사용할 수 있는 폭이 넓은 사람들도 있습니다. 명도, 채도, 청탁 등 컬러의 여러 요소에 있어 민감하게 반응하는 사람도 있지만 약하게 반응하는 사람들도 있습니다. 민감하게 반응하는 사람은 잘 받는 컬러의 폭이 좁아 보이고 약하게 반응하는 사람은 상대적으로 잘 받는 컬러의 폭이 넓게 느껴집니다. 퍼스널 컬러를 진단하는 주목적은 나에게 가장 잘 어울리는 컬러를 알고 사용하기 위한 것이지 그 컬러 외의 모든 컬러를 다 사용하지 말자는 것이 아니기에 내 피부에서 민감하게 반응되는 컬러의 특정 요소가 있다면 그 요소를 잘 이해하고 파악해서 컬러를 다양하게 활용하는 것이 좋습니다.

Q **퍼스널 컬러도 시간이 지나면 바뀌나요?**

A 퍼스널 컬러도 시간이 지나면 바뀔 수 있습니다. 계속 유지되는 분들이 많지만 바뀔 수도 있습니다. 퍼스널 컬러가 유지가 잘 되고 있다고 느끼면 재진단이 필요없지만, 요즘은 퍼스널 컬러를 사용했을 때 잘 받지 않는다고 느껴지는 그 시기에는 재진단을 해 보는 것이 좋습니다. 가장 안 받던 컬러가 잘 받기는 어렵겠지만 주기적인 진단도 좋은 방법입니다. 또한 재진단에 사용된 특정 퍼스널 컬러 체계가 첫 진단에 사용했던 체계와 서로 다른 경우 다른 이름의 컬러 유형이 나올 수 있습니다. 사용했던 체계를 이해하고 서로 다른 체계로 재진단이 진행되었다면 각 체계의 공통점과 차이점을 잘 이해하고 결과로 나온 색을 사용하는 것이 좋습니다. 이에 재진단 후 갑자기 퍼스널 컬러가 쉽게 바뀌었다고 생각하는 것보다는 퍼스널 컬러 체계가 하나가 아님을 인지하고 업체마다 다른 명칭의 유형이 진단 결과로 나올 수 있다는 것도 알고 계시면 좋습니다.

ⓠ 코랄이 옷 색은 잘 어울리는데 화장품 색은 안 어울릴 수 있나요?

ⓐ 보통 컬러 진단 교구를 얼굴 밑에 올려보며 진행하기에 잘 어울리는 색으로 나온 컬러가 의상으로는 적용이 잘 되지만, 메이크업으로는 적용하기 어려운 경우를 종종 보게 됩니다. 이유는 같은 퍼스널 컬러 유형이 나오더라도 피부의 상태와 밝기의 정도에 따라 화장품은 직접 발랐을 때 올라오는 색상과 느낌이 다를 수 있습니다. 본래 가지고 있는 입술색이 보라색, 갈색, 분홍색 등 평균적인 입술색과 다른 색을 다양하게 가지고 있는 분들이 꽤 있습니다. 컬러 진단 교구를 올려보고 진단할 때 입술색만 보고 퍼스널 컬러를 판단하는 것이 아니기에 입술색은 특히 직접 발라보고 올라오는 색의 빛을 잘 보고 판단하는 것이 좋습니다. 눈매의 형태나 눈두덩이 살의 유무에 따라 분홍색의 옷이 너무 잘 받는 분들도 분홍색의 색조를 아이 메이크업으로 사용했을 때 눈이 부어 보이거나 어색하게 느껴지는 분들도 많습니다. 또한 화사한 색이 컬러 드레이핑(Draping, 진단 천을 대보는 일)을 통해 가장 잘 어울리는 색으로 나타났다고 해도 가지고 있는 원래의 입술색에 따라 화사하지 않은 입술색조를 사용해도 칙칙해지지 않고 자연스럽게 발색이 되는 분들도 있습니다. 그러므로 메이크업 색조는 나의 피부에 직접 발라보고 적용했을 때 피부에 올라오는 색을 보고 판단하는 것이 가장 좋습니다.

ⓠ 무채색은 다 잘 받는가요?

ⓐ 아무래도 무채색은 코디가 편하다 보니 무채색의 착장을 많이 가지고 계셔서 실제 고객들께 많이 받는 질문입니다. 무채색도 명도와 청탁의 요소들로 나눌 수 있어서 특정 무채색이 유난히 안 받는 사람도 많습니다. 명도를 많이 타는 유형이라면 잘 받는 명도의 무채색을 활용해 주시고 청탁의 영향이 큰 유형이라면 흰색이나 검은색 같이 깨끗한 무채색과 탁한 회색 계열의 무채색을 구분하여 코디에 활용하는 것이 좋습니다.

ⓠ 하의색은 얼굴색에 영향이 없나요?

ⓐ 퍼스널 컬러 진단하는 방법을 보셨다면 얼굴 밑에 컬러 교구를 올려보며 여러 컬러들을 비교하는 방법으로 진행되는 것을 알 수 있을 겁니다. 이유는 얼굴과 가장 가까운 컬러가 얼굴색에 영향을 가장 크게 주기 때문입니다. 하의 또는 얼굴에서 위치가 떨어져 있는 겉옷보다는 얼굴과 가장 가까이 있는 상의 쪽의 컬러가 얼굴색에 가장 크게 영향을 줍니다. 이에 본인의 고유 이미지와 상관없이 얼굴색에 미치는 영향만 고려한다면 의상으로서의 퍼스널 컬러는 얼굴 주변에만 잘 활용하여 매치하셔도 좋습니다. 그 외의 얼굴과 떨어진 위치에서는 다양한 컬러를 활용하여 여러 가지 분위기의 스타일링이 가능합니다. 착장에서 멀리 떨어져 있는 컬러는 얼굴색에 미치는 영향이 적기에 목도리, 스카프, 넥타이, 셔츠의 깃 색 등의 얼굴에 가장 가까이에 착용한 컬러를 제일 먼저 신경 써주시는 것이 좋겠습니다.

ⓠ 뉴트럴 톤은 어떤 톤인가요?

ⓐ 웜과 쿨의 경계선상에 있는 톤을 말합니다. 보통은 경계선상에 있어도 조금 더 좋은 쪽으로 색을 사용하는 것을 권장하지만 이러한 톤을 가진 분들은 본인이 잘 어울리는 웜쿨의 범위를 잘 이해하는 것이 제일 중요합니다. 또는 색의 웜쿨의 영향보다 명도, 채도, 톤, 청탁 등 색의 다른 요소들이 자신의 피부색에 더 큰 영향을 미친다면 웜쿨의 영향보다 나에게 더 크게 영향을 미치는 다른 요소를 찾아 신경을 써서 사용하는 것이 중요합니다. 또한 파운데이션에서 뉴트럴 톤 색상을 많이 들어봤을 겁니다. 보통 핑크와 옐로우 베이스가 섞여 있는 컬러를 뉴트럴 컬러로 파운데이션의 색상 명칭으로 명시하고 있습니다. 쿨톤의 옷이 너무 잘 어울리더라도 피부의 여러 요인에 따라 보통 쿨톤의 컬러라고 불리는 분홍색의 파운데이션 컬러를 직접 피부 발색 시에 하얗게 뜨는 경우도 있으니 화장품은 직접 피부에 발색하여 올라오는 컬러의 빛을 꼭 확인해 주는 것이 좋습니다.

ⓠ 메이크업을 하고 컬러 진단을 진행하면 진단 결과가 바뀌나요?

ⓐ 정확한 컬러 진단을 위해서는 민낯으로 진행하는 것이 좋습니다. 맞지 않은 컬러의 색조 화장을 한 상태라면 피부색이 얼룩덜룩한 상태일 수 있어 본인의 원래 피부 톤에 잘 받는 패션 컬러들과 어우러지지 않는 느낌이 들 수 있기 때문입니다. 퍼스널 컬러 진단의 정석은 민낯으로 진행하는 것으로 민낯으로 잘 어울리는 의상의 컬러부터 찾는 것이 좋으나 자신이 계속 하던 메이크업에 잘 어울리는 의상의 색을 찾고 싶다면 메이크업을 한 후에 컬러 드레이핑을 진행하는 것도 좋습니다. 또한 개개인의 피부 밝기나 결점에 따라 메이크업 색조를 피부에 얹었을 때 올라오는 색감이 개인마다 차이가 있을 수 있어 색조를 피부에 직접 올려보며 찾아보는 것도 좋습니다.

[퍼스널 컬러로
나를 브랜딩하라]

퍼스널 컬러ㅣ 나를 브랜딩하라

PART

퍼스널 컬러 실습하기

퍼스널 컬러 실습하기

다음 PCCS 색상환의 색상을 알맞게 색칠하거나 색지를 오려서 붙여주세요.

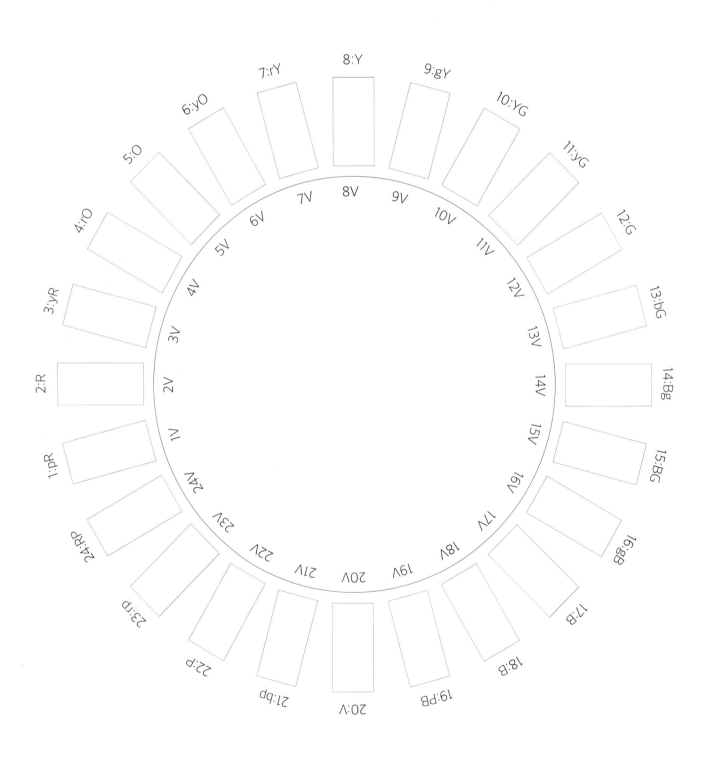

사계절 컬러 유형

▶ 다음 계절별 컬러 유형에 알맞게 색칠하거나 색지를 오려서 붙여주세요.

봄 (Spring)

여름 (Summer)

가을 (Autumn)

겨울 (Winter)

▶ 다음 웜톤과 쿨톤에 알맞게 색칠하거나 색지를 오려서 붙여주세요.

·Warm Tone·
옐로우(노란색) 베이스의 따뜻한 색

·Cool Tone·
블루(파란색) 베이스의 차가운 색

▶ 다음 각각의 색 배색에 알맞게 색칠하거나 색지를 오려서 붙여주세요.

유사 색상   대조(보색) 색상   근접 대조(보색) 색상   등간격 3색 조화

동일 색상   세퍼레이션   그러데이션   악센트

톤온톤   톤인톤

다음 색 체계의 톤 이름을 쓰고 알맞게 색칠하거나 색지를 오려서 붙여주세요.

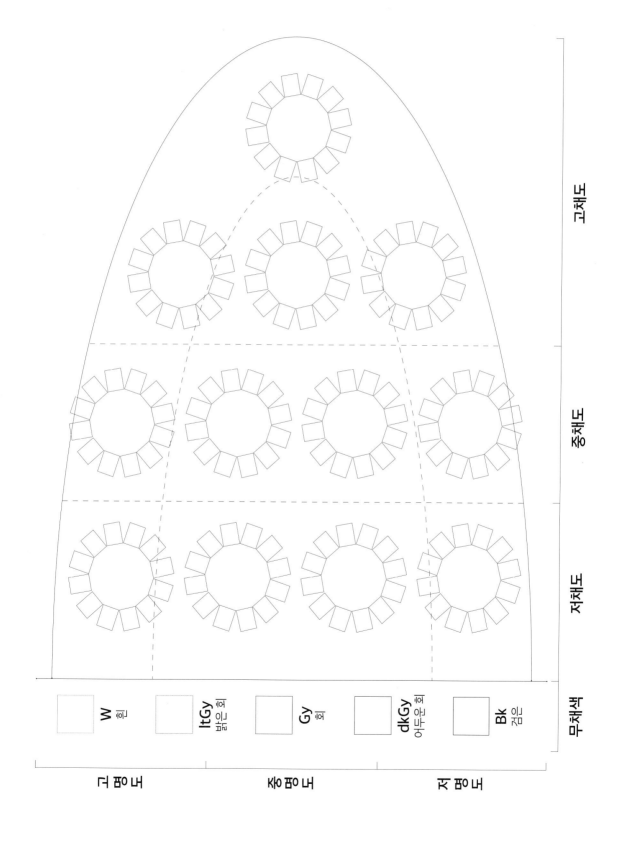

웜톤(PCCS) 색 체계

▶ 다음 웜톤 색 체계에 알맞게 색칠하거나 색지를 오려서 붙여주세요.

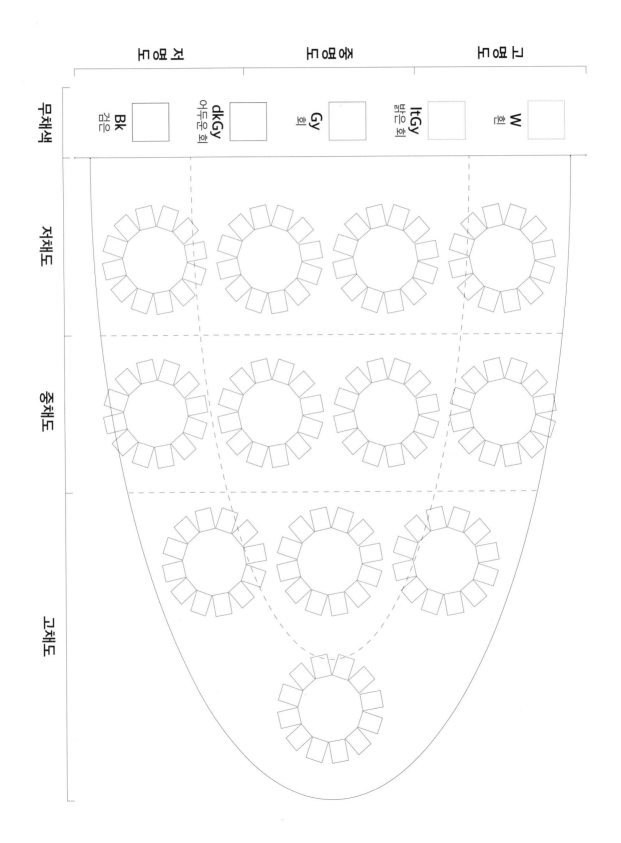

실습 06 쿨톤(PCCS) 색 체계

▶ 다음 쿨톤 색 체계에 알맞게 색칠하거나 색지를 오려서 붙여주세요.

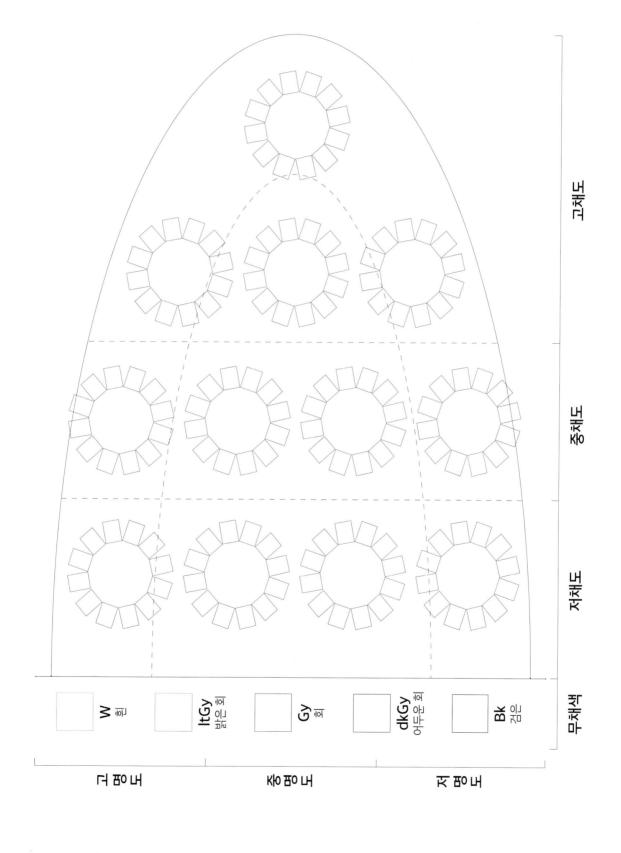

퍼스널 컬러 색채 계획

퍼스널 컬러 헤어 & 메이크업 & 네일 색채 계획 쓰기

헤어
Hair

눈썹
Eyebrow

아이라이너
마스카라
Eyeliner / Mascara

볼 터치(치크)
Blusher(Cheek)

아이섀도
Eye Shadow

립스틱
Lipstick

네일 컬러
Nail Color

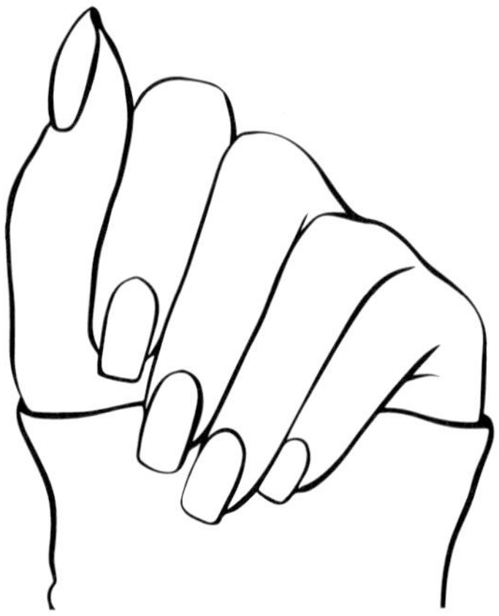

퍼스널 컬러 색채 계획

퍼스널 컬러 헤어 & 메이크업 & 네일 색채 계획 쓰기

헤어
Hair

눈썹
Eyebrow

**아이라이너
마스카라**
Eyeliner / Mascara

볼 터치(치크)
Blusher(Cheek)

아이섀도
Eye Shadow

립스틱
Lipstick

네일 컬러
Nail Color

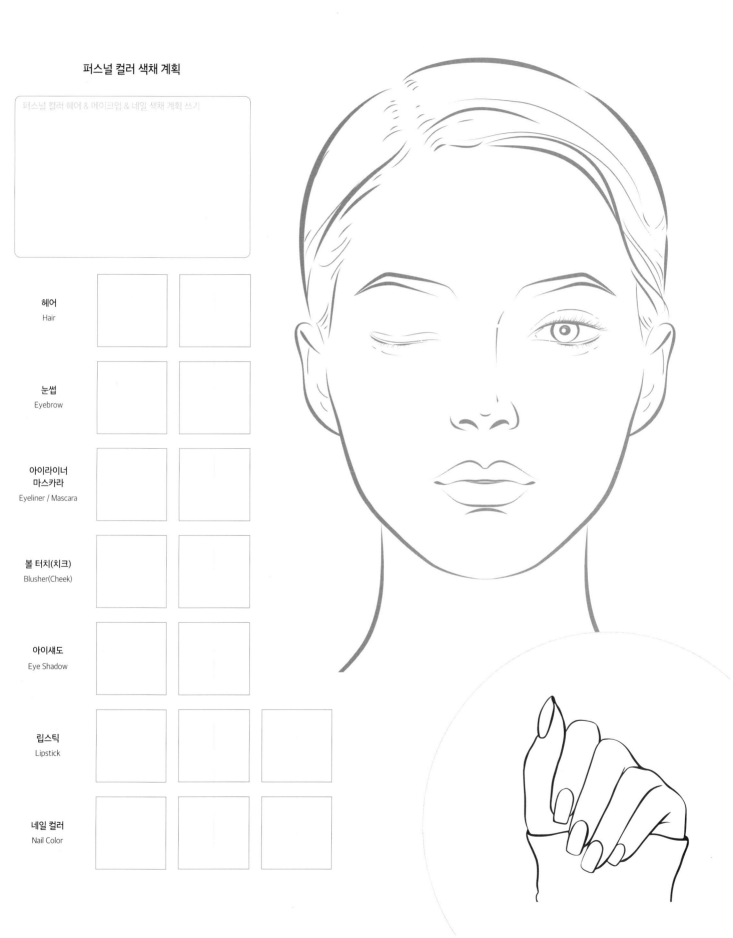

퍼스널 컬러 색채 실습 : 봄 라이트 or 봄 브라이트

퍼스널 컬러 메이크업 & 코디네이트

퍼스널 컬러 메이크업 & 패션 코디네이트 계획 쓰기

헤어 Hair		
눈썹 Eyebrow		
아이라이너 마스카라 Eyeliner / Mascara		
볼 터치 Blusher(Cheek)		
아이섀도 Eye Shadow		
립스틱 Lipstick		

코디네이트
이미지 배색
&
색상 배색

코디네이트를 위한 이미지 배색과 색상 배색

코디네이트
악세사리/향수
기타

코디네이트에 따른 악세사리, 향수, 기타 추천

퍼스널 컬러 메이크업 & 코디네이트

퍼스널 컬러 메이크업 & 패션 코디네이트 계획 쓰기

헤어
Hair

눈썹
Eyebrow

아이라이너
마스카라
Eyeliner / Mascara

볼 터치
Blusher(Cheek)

아이섀도
Eye Shadow

립스틱
Lipstick

코디네이트
이미지 배색
&
색상 배색

코디네이트를 위한 이미지 배색과 색상 배색

코디네이트
악세사리/향수
기타

코디네이트에 따른 악세사리, 향수, 기타 추천

실습 11 퍼스널 컬러 색채 실습 : 가을 뮤트 or 가을 다크

퍼스널 컬러 메이크업 & 코디네이트

퍼스널 컬러 메이크업 & 패션 코디네이트 계획 쓰기

헤어
Hair

눈썹
Eyebrow

아이라이너
마스카라
Eyeliner / Mascara

볼 터치
Blusher(Cheek)

아이섀도
Eye Shadow

립스틱
Lipstick

코디네이트
이미지 배색
&
색상 배색

코디네이트를 위한 이미지 배색과 색상 배색

코디네이트
악세사리/향수
기타

코디네이트에 따른 악세사리, 향수, 기타 추천

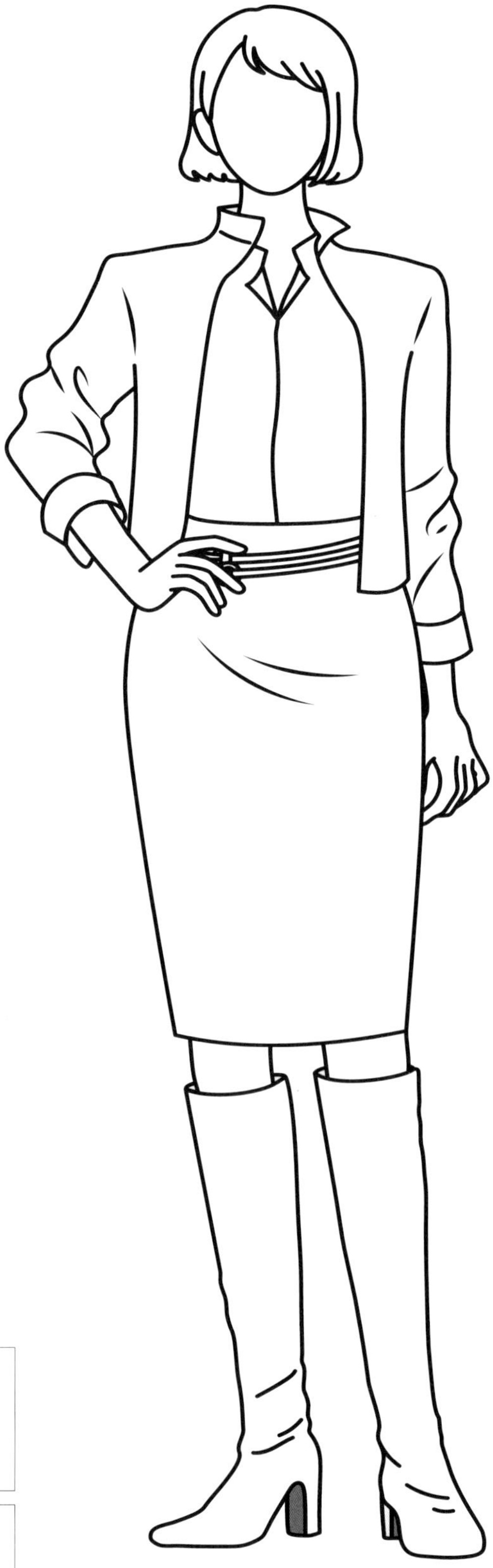

실습 12 퍼스널 컬러 색채 실습 : 겨울 브라이트 or 겨울 다크

퍼스널 컬러 메이크업 & 코디네이트

퍼스널 컬러 메이크업 & 패션 코디네이트 계획 쓰기

헤어
Hair

눈썹
Eyebrow

아이라이너
마스카라
Eyeliner / Mascara

볼 터치
Blusher(Cheek)

아이섀도
Eye Shadow

립스틱
Lipstick

코디네이트
이미지 배색
&
색상 배색

코디네이트를 위한 이미지 배색과 색상 배색

코디네이트
악세사리/향수
기타

코디네이트에 따른 악세사리, 향수, 기타 추천

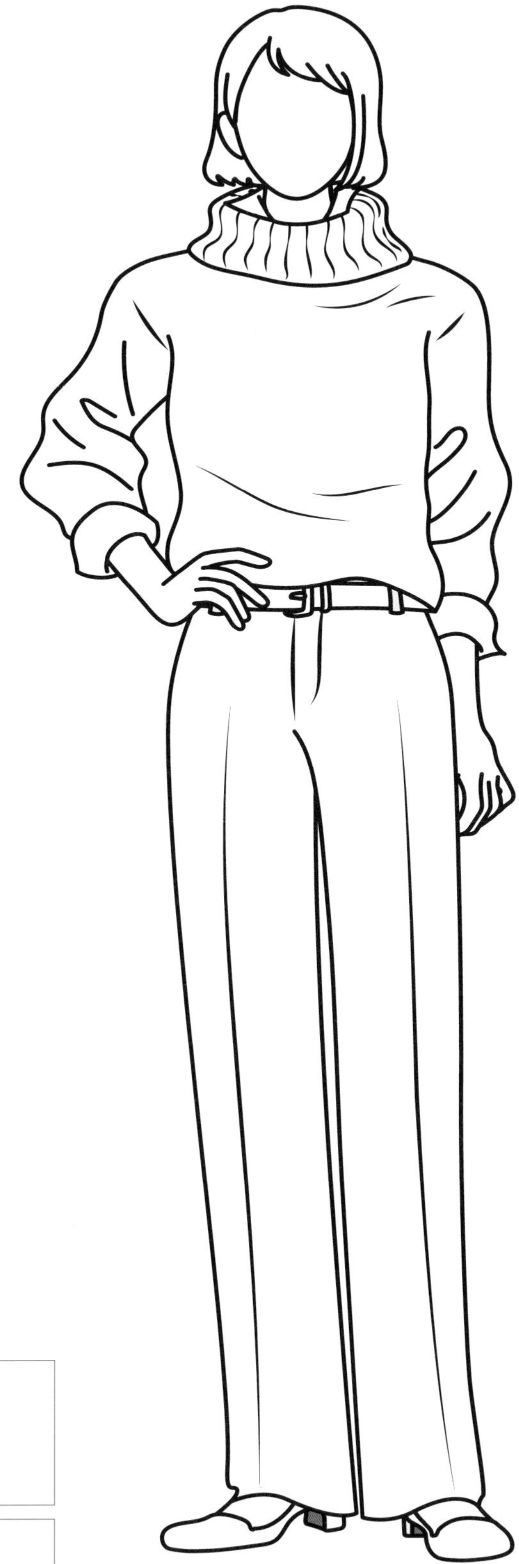

Carole Jackson, 『Color Me Beautiful』, Ballantine Books, 1980.

곽형심, 조미영, 『COLOR』, 청구문화사, 2008.

권영걸, 김현선, 『쉬운 색채학』, 날마다북스, 2011.

김민준, 이햇님, 『향료와 향수 마스터』, 북앤미디어 디엔터, 2021.

김선현, 『색채심리학』, 이담북스, 2013.

김용숙, 『컬러 심리 커뮤니케이션』, 일진사, 2009.

김용숙, 박영로, 『색채의 이해』, 일진사, 2019.

김은정, 박옥련, 『Color: 색』, 형설출판사, 2007.

김희선, 박춘심, 양수미, 양진희, 조고미, 『색채 디자인』, 광문각, 2009.

박연선, 『색채용어사전』, 예림, 2007.

박효원, 송서현, 유한나, 『뷰티색채학』, 성안당, 2019.

이소은, 『퍼스널컬러 이미지 마케팅』, 이코노미북스, 2021.

정지민, 『진짜 하루 만에 끝내는 퍼스널 컬러 : 원데이 클래스』, 티더블유아이지, 2022.

진송희, 『색채학과 퍼스널컬러』, 구민사, 2022.

한국색채학회, 『컬러리스트』, 국제, 2002.

수잔 K. 랭거, 『예술이란 무엇인가』, 이승훈 역, 고려원, 1990.

스에나가 타미오, 『색채 심리』, 박필임 역, 예경, 2001.

요하네스 이텐, 『색채의 예술』, 김수석 역, 지구문화사, 2015.

요한 볼프강 폰 괴테, 『색채론』, 장희창 역, 민음사, 2003.

장은경, 「퍼스널 컬러 컨설팅 경험이 외모 인식과 외모 관리 행동에 미치는 영향」, 건국대학교 석사학위논문, 2022.

산업표준심의회, 물체색의 색이름(KS A 0011:2015), 산업통상자원부 국가기술표준원, 2020 확인.

산업표준심의회, 색에 관한 용어(KS A 0064:2015), 산업통상자원부 국가기술표준원, 2020 확인.

[Naver 지식백과] https://terms.naver.com

[위키백과] https://ko.wikipedia.org/wiki

[두산백과] https://www.doopedia.co.kr

[IRI 색채 연구소]

[국가기술표준원] https://www.Kats.go.kr

셔터스톡(shutterstock): https://www.shutterstock.com

핀터레스트(pinterest): https://www.pinterest.co.kr

퍼스널 컬러로
나를 브랜딩하라

퍼스널 컬러로
나를 브랜딩하라

퍼스널 컬러로
나를 브랜딩하라

[퍼스널 컬러로
나를 브랜딩하라]

퍼스널 컬러로
나를 브랜딩하라

퍼스널 컬러 실습 색지
퍼스널 컬러 셀프 진단 키트

윤미선·조주연·장은경·정은영 지음

북앤미디어 몬스터
Book&Media

※ 왼쪽 자르는 선을 따라 조심스럽게 잘라서 사용하시면 됩니다.

※ 손으로 쉽게 뜯거나 자를 수 있습니다.

실습 01 PCCS 색상환

실습 02 사계절 컬러 유형

실습 03 워톤과 쿨톤

실습 03 색 배색

실습 04 톤에 따른 색 체계

실습 05 웜톤(PCCS) 색 체계

실습 06 쿨톤(PCCS) 색 체계

실습 04 **실습 05** **실습 06** 무채색

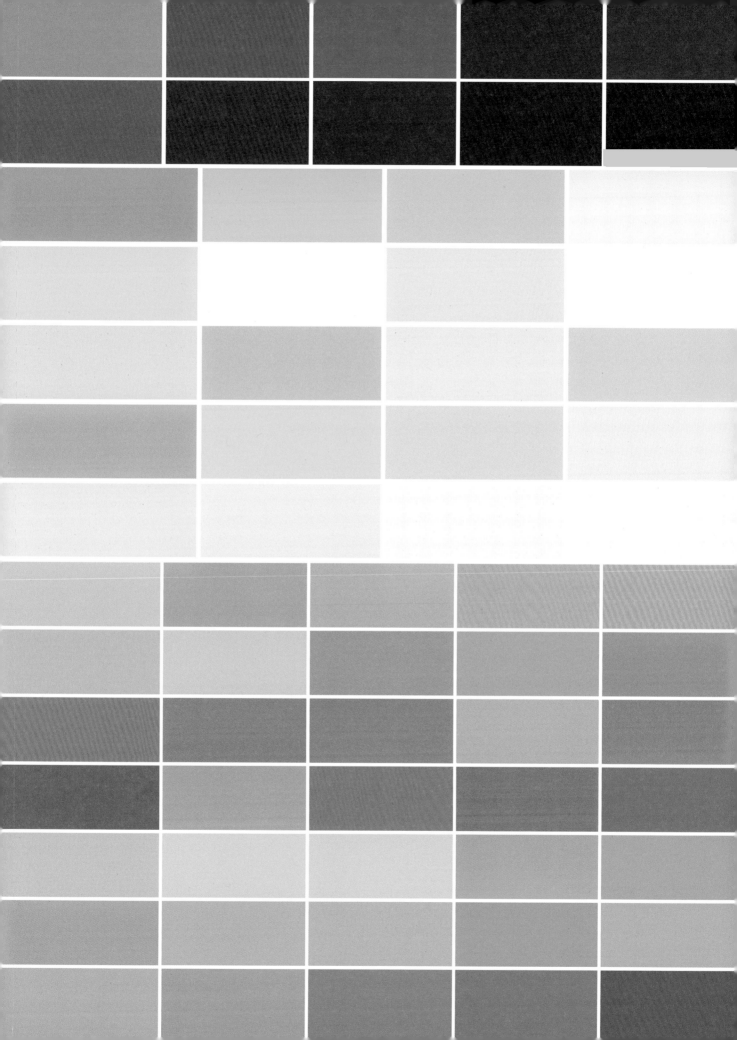

실습 05~12 퍼스널 컬러 색채 실습 (봄 라이트)

실습 05~12 퍼스널 컬러 색채 실습 (여름 라이트)

실습 05~12 퍼스널 컬러 색채 실습 (봄 브라이트)

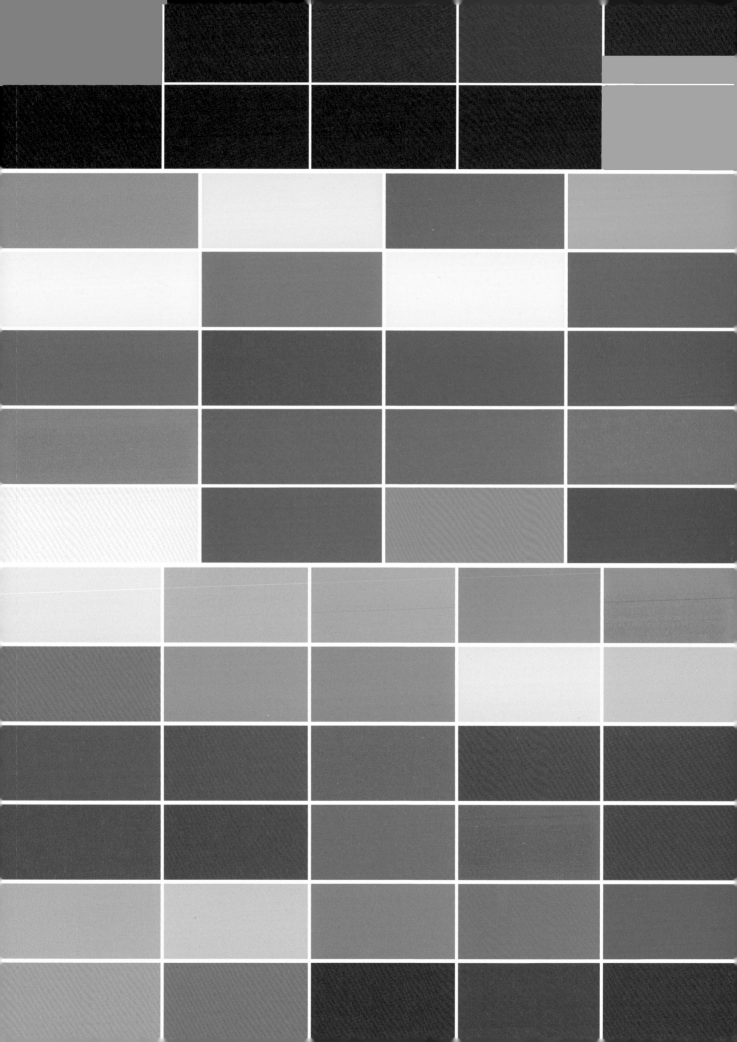

실습 05~12 퍼스널 컬러 색채 실습 (겨울 브라이트)

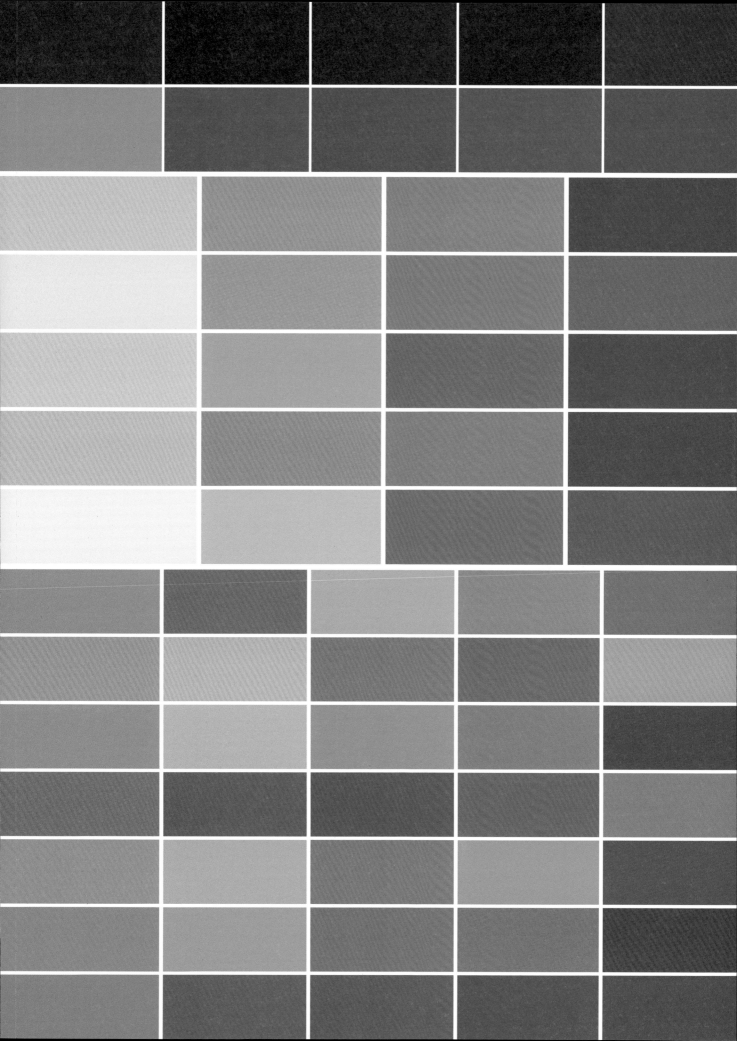

실습 05~12 퍼스널 컬러 색채 실습 (여름 뮤트)

실습 05~12 퍼스널 컬러 색채 실습 (가을 뮤트)

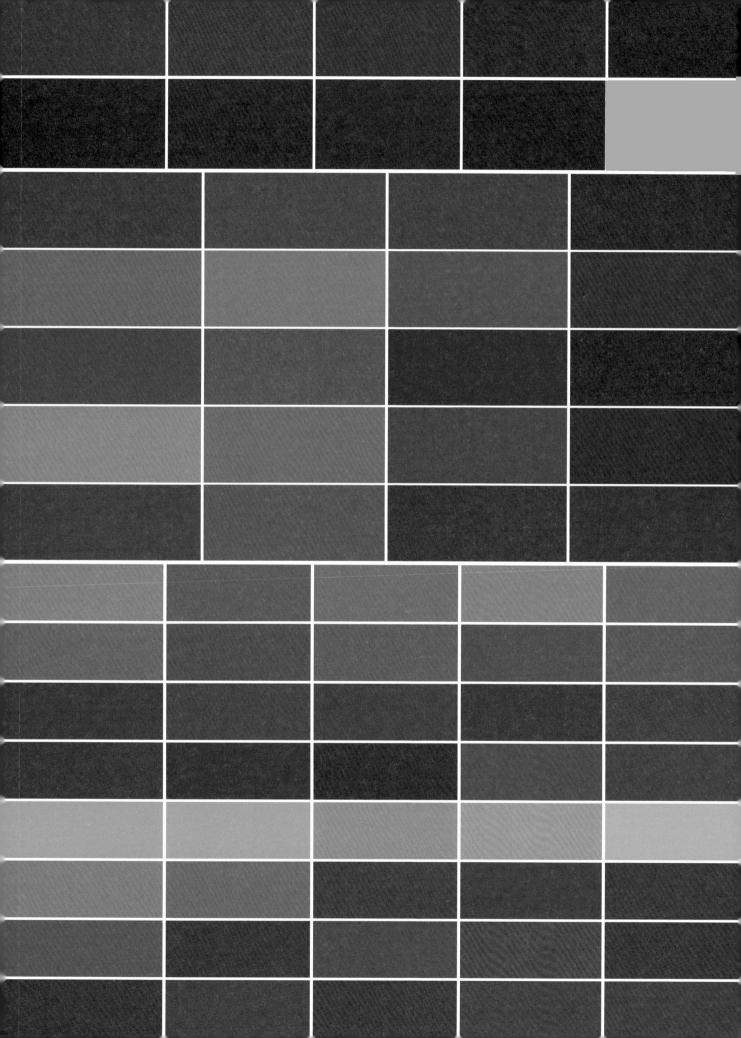

실습 05~12 퍼스널 컬러 색채 실습 (가을 다크)

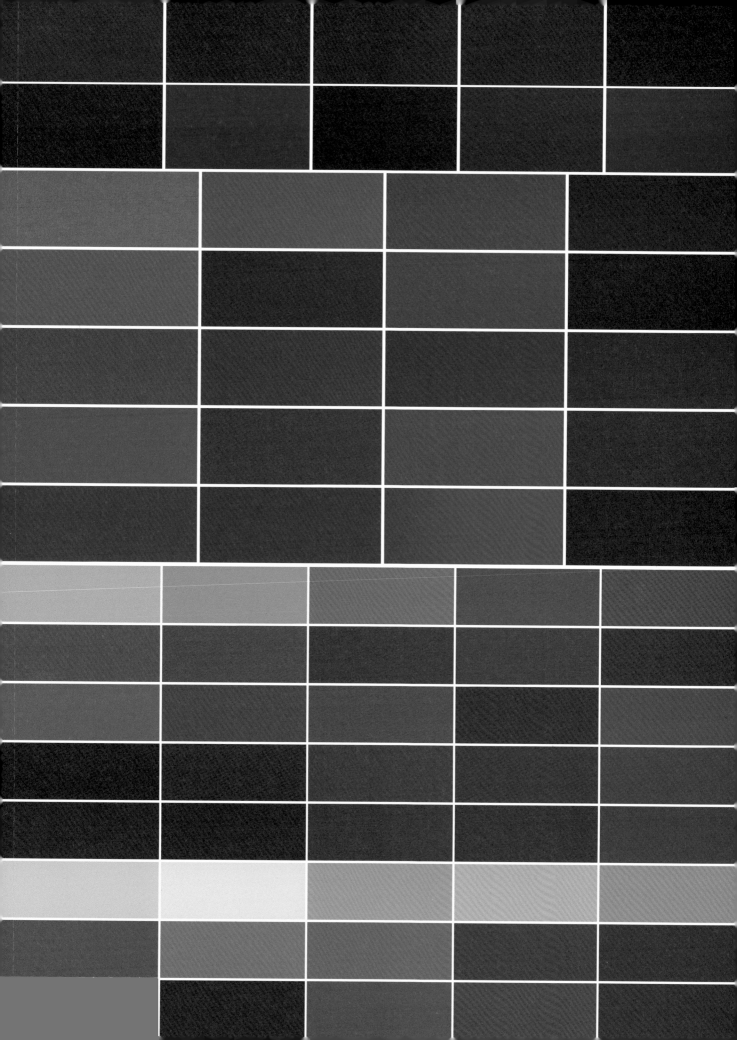

실습 05~12 퍼스널 컬러 색채 실습 (겨울 다크)

실습 05~12 퍼스널 컬러 색채 실습 (형용사 이미지/패션 트렌드 배색)

퍼스널 컬러 셀프 진단 키트

명랑한 봄 라이트
명랑한 여름 라이트
생기있는 봄 브라이트
생기있는 겨울 브라이트
차분한 여름 뮤트
차분한 가을 뮤트
기품있는 가을 다크
기품있는 겨울 다크

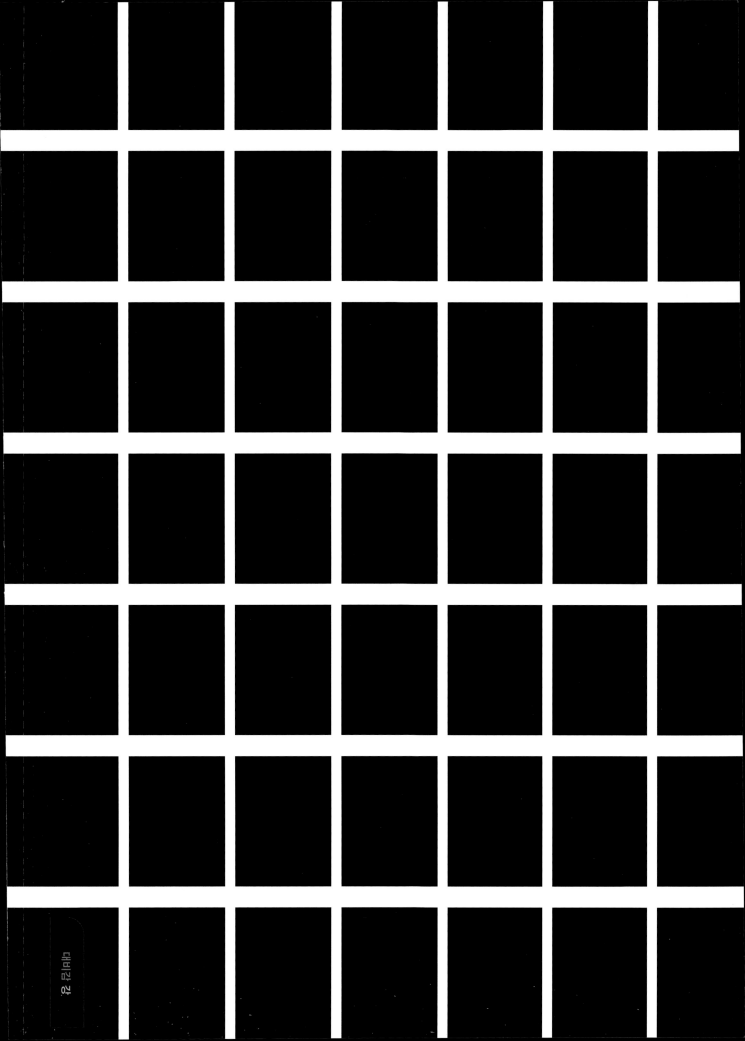

퍼스널 컬러 진단 카드
(대비감 강)

대마감증

파스널 컬러 진단 키트
(대비감 중)

대비감
아

퍼스널 컬러 진단 키트
(대비감 약)

퍼스널 컬러 진단 카드
(봄 라이트)

파스널 컬러 진단 카드
(여름 라이트)

파스널 컬러 진단 카드
(가을 뮤트)

여름 무드

파스널 컬러 진단 키트
(여름 뮤트)

퍼스널 컬러 진단 카드
(봄 브라이트)

퍼스널 컬러 진단 카드
(겨울 브라이트)

가을 다크

퍼스널 컬러 진단 키트
(가을 다크)

퍼스널 컬러 진단 키트
(겨울 다크)

퍼스널 컬러로
나를 브랜딩하라

색다른 나를 찾는 퍼스널 컬러·나만의 경쟁력 퍼스널 컬러

퍼스널 컬러로
나를 브랜딩하라